**Raumklima & Lüftung der Wohnung**

Reihe: Bau-Rat

Horst Fischer-Uhlig

# Raumklima & Lüftung der Wohnung

## Wege zum Wohlfühlen
## Bauliche Voraussetzungen
## Richtiges Verhalten

EBERHARD BLOTTNER VERLAG

Dieses Buch erscheint in der Reihe **„Bau-Rat:“**

Die Deutsche Bibliothek – CIP-Einheitsaufnahme:

Fischer-Uhlig, Horst:
Raumklima & Lüftung der Wohnung :
Wege zum Wohlfühlen ; bauliche Voraussetzungen ;
richtiges Verhalten /
Horst Fischer-Uhlig. –

Taunusstein : Blottner, 2002
(Reihe Bau-Rat)
ISBN 3-89367-084-X

0101 deutsche buecherei 0292 deutsche bibliothek



Herstellung: Digital & Printmedien R. Studt, Taunusstein
Umschlaggestaltung: Britta Blottner
Druck: Schmidt & more Drucktechnik GmbH, Ginsheim-Gustavsburg


ISBN 3-89367-084-X / Printed in Germany

# Darüber lesen Sie hier:

# Es geht um 80 % unserer Lebenszeit

Es zählt zu den erstaunlichsten Erfahrungen der letzten Jahrzehnte, dass trotz täglichen Umgangs mit der Technik in vielerlei Gestalt, vom Auto bis zum Mikrowellenherd, vom Computer bis zum Elektronikspielzeug, viele Bürger nicht gerüstet waren, auf die veränderten Raumluft- und Temperaturverhältnisse in ihrer Wohnung zu reagieren, wie die Notwendigkeit zum Energiesparen sie mit sich brachte. Die Folge waren zahllose Feuchteschäden und Schimmelpilzrasen sowie ein Rattenschwanz von Prozessen vor Gericht, bei denen Mieter und Vermieter einander verbittert die Schuld an den feuchten Wänden zuschoben, weil sie sich den Schimmelpilzbefall nicht erklären konnten. Die zeitgemäße Neigung, Probleme durch simple Faustregeln zu lösen, führte bald zu dem Rat: lüften, lüften, der außer Acht ließ, dass falsches Lüften Wärmeverluste mit sich bringt, eine Verschwendung von Energie, die wir uns gar nicht leisten können. Und dass es mit dem Lüften allein, so wichtig es sich erweist, nicht getan ist: sondern eine ganze Reihe von Fakten bauphysikalischer und bautechnischer Art hereinspielt, die man, zumindest wo sie als Anleitung zu schadensfreiem Handeln dienen können, überschauen sollte. Anders wird auf Dauer das Ziel, in einem gesunden Raumklima zu wohnen, nicht zu erreichen sein. Denn unser gewohnter Wohnkomfort stellt heute höhere Forderungen an die Bewohner als die früheren einfachen Wohnverhältnisse an unsere Voreltern.

Ein Haus ist eine energetische Einheit. Wenn ein Eigentümer die Wärmedämmung der Außenwand verbesserte, die alten Einscheibenfenster aber behielte: wie will der zu sparsamem Heizbetrieb und behaglichem Raumklima kommen? Oder wenn er die Fenster auswechselte, aber die nachträgliche Dämmung der wärmedurchlässigen Außenwand sparte?

LÜFTOMATIC, SCHRIESHEIM

Natürliche Lüftung durchs Fenster oder mechanische Lüftung: Vor dieser Frage steht, wer über Lüftung nachdenkt.

Oder: wie will ein Hauseigentümer, wie wollen Bewohner zu einem gesunden Raumklima kommen, wenn sie nicht wissen, welche Voraussetzungen dafür zu erfüllen sind, von der Begrenzung der Raumluftfeuchtigkeit bis zur Schadstoffabführung?

Unwichtig, belanglos kann solches Wissen, das die Probleme handhabbar macht und Bauschäden vermeiden hilft, schon deshalb nicht sein, weil wir in Innenräumen 80% unseres täglichen Lebens zubringen. Es geht darum, für diese 80% unserer Lebenszeit gesunde Verhältnisse zu schaffen. Hygienisch und wirtschaftlich.

# Was hat eine Außenwand mit dem Raumklima zu tun? Eine Übersicht.

Die Außenwand eines Raumes, eines Hauses, kann das Raumklima so vielfältig beeinflussen, dass ohne Berücksichtigung ihres bauphysikalischen Verhaltens in vielen älteren Häusern auf Dauer kein behagliches Wohnen zu erzielen ist. Warum? Die Außenwände unserer Häuser haben – wie die Fenster, die Türen und die Dächer – die Aufgabe, in der kalten Jahreszeit und in den Übergangszeiten die durch Heizung erzeugte Wärme, als wichtige Voraussetzung eines gesunden Raumklimas, möglichst lange in den Innenräumen zu halten.

**Wärmeleitfähigkeit**

In welchem Maß das möglich ist, hängt von den Materialeigenschaften der Außenwand-Baustoffe ab: vor allem von ihrer Wärmeleitfähigkeit. Je geringer diese Wärmeleitfähigkeit ist, desto größer ist die Wärmedämmwirkung der Außenwand als Summe ihrer Baustoffe, desto geringer sind die Wärmeverluste durch diese Außenwand, desto niedriger ist der Verbrauch an Erdgas oder Öl.

## Was geschieht mit der Raumwärme in der Außenwand?

**Temperaturunterschied**

In der kalten Jahreszeit und in den Übergangszeiten, in denen das Erzielen und das Bewahren eines günstigen Raumklimas vom Wissen und Geschick der Bewohner abhängt, besteht zwischen Raumluft und Außenluft ein mehr oder minder großer Temperaturunterschied. Wenn wir im Winter, z.B. vor einer Skihütte, ein heißes Glas Tee trinken, dürfen wir damit nicht zu lange säumen: denn unser heißer Tee kühlt aus, je niedriger die Außentemperatur, desto schneller. Dahinter steckt ein physikalisches Gesetz: Temperaturen mit unterschiedlich großem Energiegehalt suchen sich anzugleichen. Wir können also unser heißes Glas Tee durchaus als eine Wär-

FACHVERBAND WÄRMEDÄMM-VERBUNDSYSTEME E.V.

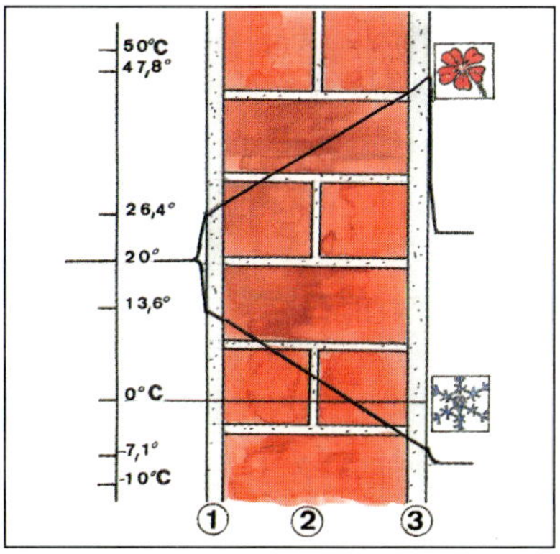


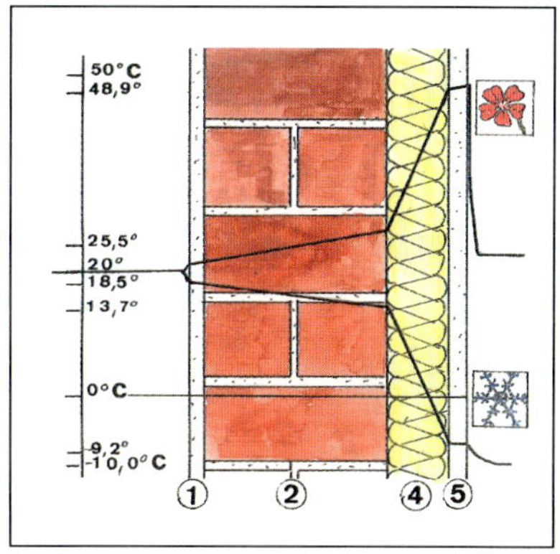


Die Temperaturverläufe in einem ungedämmten Mauerwerk, wie es in vielen älteren Häusern zu finden ist, und einem gedämmten Mauerwerk machen deutlich, warum nachträgliche Wärmedämmung für ein behagliches Raumklima entscheidend ist. Die jeweils obere Hälfte der Abbildungen zeigt die Verhältnisse in der warmen Jahreszeit, die untere Hälfte die Temperaturverläufe in den kalten Monaten. In beiden Schnitten ist eine innere Raumlufttemperatur von + 20° angenommen. Der für das Raumklima entscheidende Unterschied liegt in den Temperaturen der inneren Wandoberflächen: bei ungedämmtem Mauerwerk beträgt diese Temperatur im Winter 13,6°, bei gedämmtem Mauerwerk aber 18,5°, bleibt also der Raumlufttemperatur nahe. Störende Luftbewegungen und lästige Zugerscheinungen werden so vermieden, das Raumklima bleibt behaglich. Von Vorteil ist aber auch, dass bei gedämmtem Mauerwerk die Frostgrenze nicht innerhalb der Außenmauer, sondern in der Dämmung liegt. 1 Innenputz, 2 Mauerwerk, 3 Mineralischer Außenputz, 4 Wärmedämm-Verbundsystem mit Styropor oder Mineralwolle, 5 Armierungsschicht des Systems und Oberputz.

**Wärmestrom durch die Wand**

mequelle für seine Umgebung ansehen. Auf die Außenwand angewandt, die unterschiedliche Temperaturen voneinander trennt, bedeutet das: diese unterschiedlichen Temperaturen suchen sich anzugleichen, indem die Wärme von Bereichen höherer Temperatur zu Bereichen niederer Temperatur strömt. Durch die Wand hindurch.

**Wärme ist Bewegungsenergie**

Um den Vorgang noch anschaulicher zu machen: Wärme ist eine Form der Energie, genauer: ist Bewegungsenergie der Moleküle. In festen Körpern, und bei Wänden haben wir es damit zu tun, schwingen diese Moleküle um feste Mittellagen. Dabei schwingen die Moleküle eines kalten Körpers langsamer als die eines warmen. Wenn wir einen Körper erwärmen, erhöhen wir also die Bewegungsenergie seiner Moleküle. Wir können uns diesen Vorgang so vorstellen, dass die stark schwingenden Moleküle bei der Wärmequelle die Wärme als Schwingungsenergie an benachbarte, schwächer schwingende Moleküle durch Stoßvorgänge weitergeben.

Der Wärmedurchgang durch Bauteile spielt auch eine negative Rolle bei den sogenannten Wärmebrücken, die das Raumklima stören können und, mehr noch, sich ihrerseits gesundheitlich bedenklich auszuwirken vermögen. Man versteht unter Wärmebrücken jene Teile der Außenwand, die gegenüber den Umgebungsflächen eine höhere Wärmestromdichte aufweisen, also einen höheren Wärmeverlust, sei es durch die Materialeigenschaften oder, bei den sogenannten geometrischen Wärmebrücken, aus Gründen der baulichen Situation. Auch fehlerhafte Ausführung kann Wärmebrücken verursachen. Da bei Wärmebrücken die Gefahr besteht, dass sich dort Feuchtigkeit aus der Raumluft niederschlägt und Schimmelpilze sich bilden, muss auch mit Belastung der Raumluft durch deren Sporen gerechnet werden.

**Wärmebrücken**

Noch eine weitere Einflussgröße, auf die Wärmemenge bezogen, kann uns die Unterschiede von Altbau-Außenwänden verdeutlichen und von der Notwendigkeit nachträglicher Verbesserungsmaßnahmen, als Voraussetzung für ein günstiges Raumklima, überzeugen: Es ist der sogenannte k-Wert, den der Bauphysiker als Wärmedurchgangskoeffizient bezeichnet. Er sagt über jene Wärmemenge aus, die durch ein Außenbauteil hindurchgeht, vom warmen Raum zur kalten Außenluft. Je kleiner dieser k-Wert ist, je geringer also die Wärmemenge, die von der warmen zur kalten Seite fließt, desto weniger Wärmeenergie geht nutzlos verloren, desto besser ist die Wärmedämmung. Uns kann der k-Wert helfen, Altbauaußen-

**k-Wert**

### k-Wert und Heizölverbrauch

Das Bundesbauministerium hat dafür eine Faustformel errechnet: der k-Wert mal 10 ergibt den jährlichen Heizölverbrauch in Litern pro Quadratmeter Außenwandfläche. Also z.B. k=1,4, Ölverbrauch 14 Liter. Beim anzustrebenden k-Wert=0,4 senkt sich der Verbrauch auf 4 Liter.

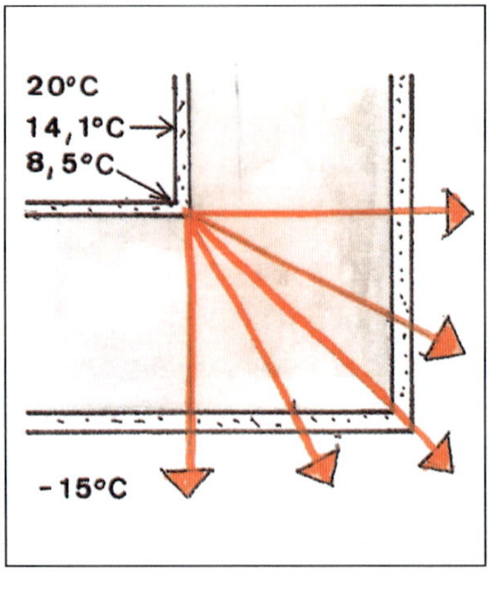


IVH/REICHERT

Zu Wärmeverlusten, also zu starken Wärmeströmen von innen nach außen, kommt es häufig an den sogenannten Wärmebrücken, die sich besonders in den Außenwandecken der Räume als sogenannte geometrische Wärmebrücken bilden. Warum? Weil der wärmeaufnehmenden Fläche innen (hier bei einer Raumlufttemperatur von 20°C), die extrem schmal ist, eine wärmeabgebende Fläche außen in der doppelten Wandstärke gegenüber steht. Nach unserem Beispiel ist bei einer Außentemperatur von -15°C die Temperatur der inneren Wandoberflächen 14,1°C, die Temperatur in der Ecke aber nur 8,5°C. Hier ist Durchfeuchtung und Schimmelbildung kaum zu vermeiden.

## k-Wert / U-Wert

Der k-Wert ermöglicht eine erste Beurteilung, ob eine Außenwand ausreichend wärmegedämmt ist oder nicht. Gefordert ist heute bei Außenwänden ein k-Wert von 0,40 W/(m².K), also Watt durch Quadratmeter mal Kelvin. Er dürfte in Zukunft noch verschärft werden. Der k-Wert bezeichnet jene Wärmemenge, die innerhalb einer Stunde durch den m² eines bestimmten Bauteils mit bestimmten Dämmeigenschaften bei einem Temperaturunterschied zwischen beiden Seiten von 1 K(Kelvin) hindurchgeht. In der kalten Jahreszeit von der warmen Raumluft zur kalten Außenluft. Ein Kelvin entspricht 1°C. Je kleiner diese Zahl ist, desto größer ist verständlicherweise die Dämmwirkung des Bauteils, desto geringer der Wärmeverlust. Das Symbol k für den Wärmedurchgangskoeffizienten wird künftig im Sinne der europäischen Vereinheitlichung durch das Symbol U ersetzt.

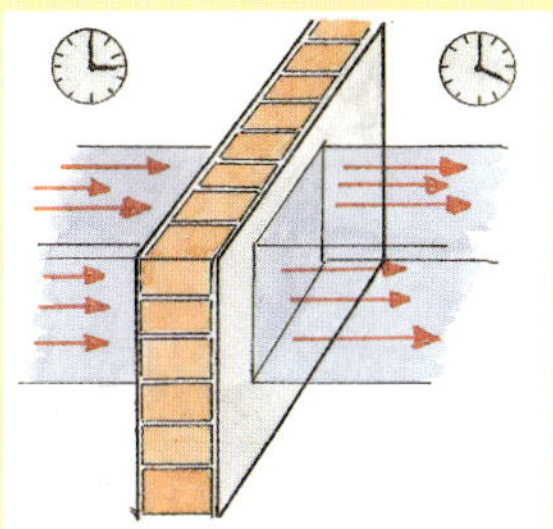

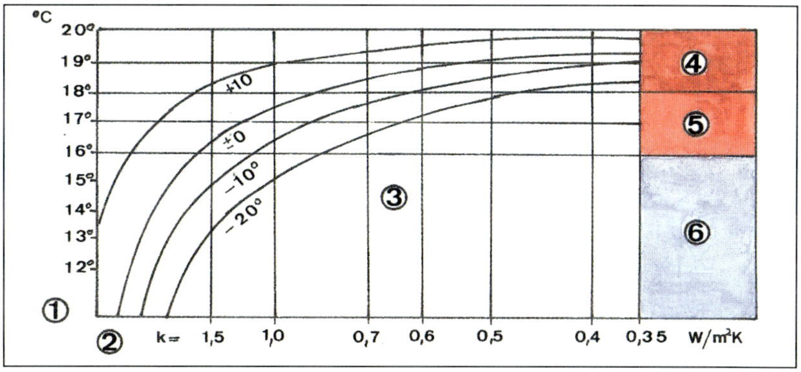


IVH/REICHERT

Je niedriger der k-Wert, als Kenngröße des Wärmedurchgangs durch eine Wand, desto höher ist die Wärmedämmwirkung einer Wand, desto höher auch die Temperatur der Innenwandoberfläche, die das Raumklima wesentlich beeinflusst. Bei einer Außentemperatur, 3, von −20° z.B., einem k-Wert der Wand, 2, von 1,5, liegt die Innenwand-Oberflächentemperatur, 1, zwischen 13 und 14°C. Verbessert man durch Wärmedämmung den k-Wert auf 0,4, dann erhöht sich die Innenwandtemperatur bereits auf 18,3°C. 4 = sehr behaglich, 5 = noch behaglich, 6 = zu kalt.

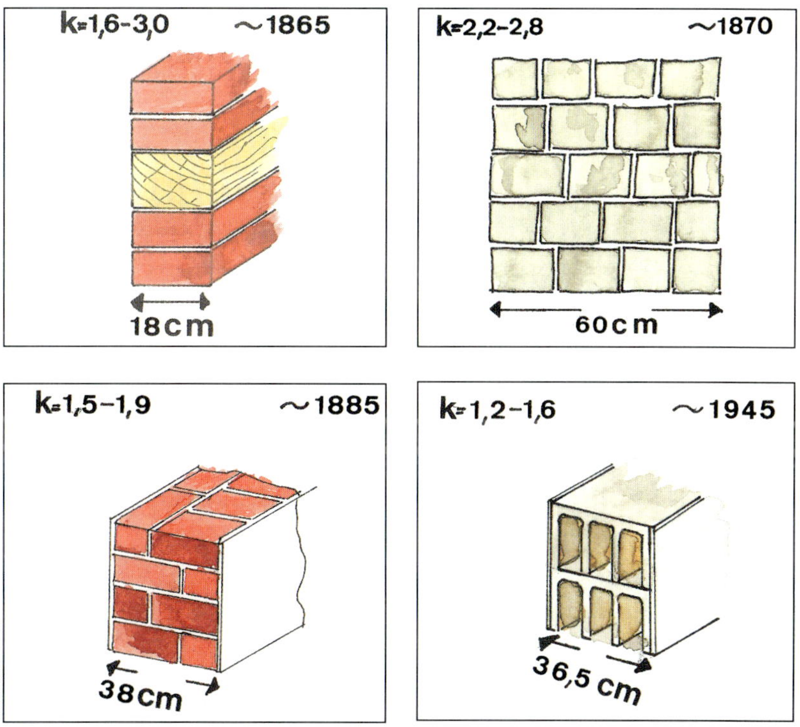


AMBALKOWSKI

Zu einer ersten Schätzung der k-Werte im eigenen Haus wollen diese Zeichnungen verhelfen. Sie nennen die k-Werte von Mauerwerk, das sich nach Material, Stärke und Baujahr unterscheidet. Die Abbildungen zeigen Fachwerkwände, Natursteinwände, Ziegelwände und Wände nach 1945. Zu den Wänden nach 1945 ist zu bemerken, dass der angegebene k-Wert für Bims-Hohlblocksteine oder Hochlochziegel gilt, während Trümmersplitt-, Kalksandstein und Vollziegel einen k-Wert bis 2,0 erreichen, also ungünstiger sind.

wände in ihren energetischen Eigenschaften besser zu verstehen und annähernd zu beurteilen. Wenn man weiß, dass bei einer Vollziegelwand aus den Jahren vor dem Zweiten Weltkrieg mit einem k-Wert von 1,7 bis 2,2 zu rechnen ist, aber ein k-Wert von 0,4 und künftig noch weniger gefordert wird, dann kann man sich leicht überzeugen, dass der Dämmwert der Außenwand bei weitem nicht genügt. Der fehlende Dämmwert wird dann durch ein Wärmedämmsystem in entsprechender Dicke verbessert werden müssen.

## Nachträgliche Wärmedämmung ist meist nötig

**Wärmedämm-Verbundsystem**

Die Wärmedämmung zu verbessern und dadurch auch die Voraussetzungen für ein behagliches Raumklima, gibt es mehrere Wege: bauphysikalisch am günstigsten ist eine Umhüllung des Baukörpers, wie sie durch das seit mehr als vier Jahrzehnten bewährte Wärmedämm-Verbundsystem erzielt wird. Dabei wird die Wärmedämmschicht außen aufgebracht.

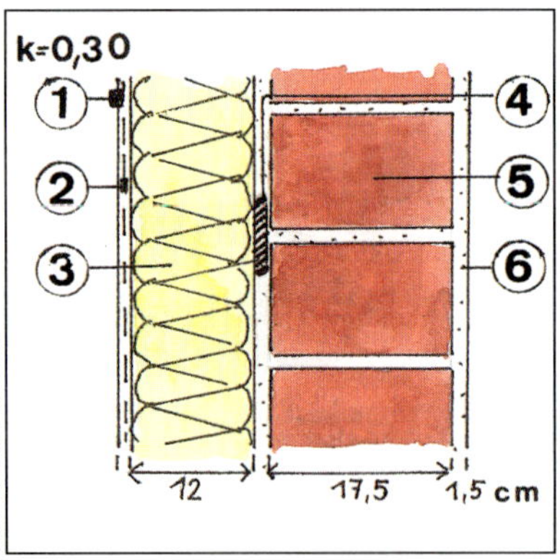


Zum Vergleich mit den ungedämmten Außenwänden aus den vergangenen Jahrhunderten eine gedämmte Außenwand: als Beweis, wie sehr sich durch nachträgliche Wärmedämmung die k-Werte einer Außenwand verbessern lassen. 1 Strukturputz, 2 Armierungsschicht, 3 Fassadendämmplatte des Wärmedämm-Verbundsystems, 4 Klebemasse, 5 Mauerwerk, 6 Innenputz.

Natürlich ist diese Dämmung, wie alle Außenwanddämmungen, durch eine Dachdämmung oder Dämmung der obersten Geschossdecke, wenn das Dachgeschoss nicht ausgebaut wird, sowie durch wärmedämmende Fenster und Türen zu vervollständigen. Mitunter wird gegen eine Außenwanddämmung das Argument vorgebracht, sie hindere die Sonnenstrahlung daran, die Wand zu erwärmen. Abgesehen davon, dass in der kalten Jahreszeit die Sonnenscheindauer in unseren Breiten kurz ist, spricht auch die Tatsache dagegen, dass eine speicherfähige Altbau-Massivwand nur mit einem Drittel

### Außenwände sind luftdicht

Außenwände atmen nicht, obschon man es öfter liest. Sie können also durch Luftaustausch oder Wasserdampftransport (Wasserdampfdiffusion) auch nicht die Raumluftfeuchte abführen, wie es für ein behagliches Raumklima nötig ist. Das kann nur die Lüftung.

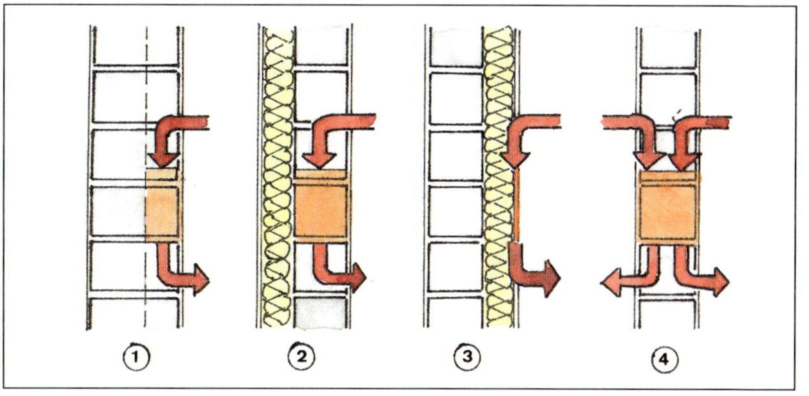


Die Fähigkeit massiver Wände, Wärme zu speichern und wieder abzugeben, beeinflusst das Raumklima günstig, im Sommer und im Winter. 1 Bei normaler Beanspruchung kann die überhaupt mögliche Speicherkapazität einer Außenwand nur etwa zu einem Drittel genutzt werden. 2 Bei dieser schlanken, gedämmten Tragwand wird die Wärmespeicherung optimal genutzt. 3 Raumseitige Dämmschichten verzögern eine wirksame Wärmespeicherung. Speicherfähig ist nur die Abdeckung der Innendämmung, z.B. eine Gipskartonplatte. 4 Das Wärmespeichervermögen der im Wohnungsbau häufig vorkommenden 11,5 cm dicken Wand aus Baustoffen mit einer Rohdichte von 2,0 sowie beidseitiger Putzbeschichtung kann als günstig bezeichnet werden.

### Wärmespeicherung

ihrer Dicke Wärme zu speichern vermag, Wärme, die sie obendrein nach der Seite wieder abstrahlt, von der sie aufgenommen wurde: also nach außen, an die kalte Außenluft. Diese Gesetzmäßigkeit gilt natürlich auch für innen: nur wird dort die wieder abgestrahlte, gespeicherte Heizwärme dem Raum Nutzen bringen, indem sie ausgleichend wirkt. Diese ausgleichende Speicherfähigkeit massiver Wände bringt auch im Sommer für das Raumklima Nutzen: Sonnenwärme wird tagsüber durch die inneren Wandschichten gespeichert und die gespeicherte Wärme in der Nachtkühle wieder abgegeben, so dass die inneren Wandschichten am folgenden Sonnentag wieder durch Speicherung ausgleichend wirken können.

Die Speicherfähigkeit der inneren Wandschichten ermöglicht auch in der kalten Jahreszeit die passive Nutzung der Solarenergie: durch große Fenster oder verglaste Türen einfallende Sonnenstrahlung wird durch die inneren Wandschichten und Gegenstände im Raum gespeichert und hilft so auch Energie zu sparen. Fallen die Sonnenstrahlen direkt auf eine speicherfähige Wand, beträgt die gespeicherte Wärmemenge verständlicherweise ein Vielfaches der sonst, bei indirekter Einstrahlung, gespeicherten Wärme.

Eine Variante auch nachträglicher Wärmedämmung ist die vorgehängte Fassade, die sich auch für den Schutz von Wetterseiten und als Gestaltungselement für Fassaden empfiehlt. Allerdings: Augenmaß, Geschmack und Erfahrung sind für die Planung dieser Dämmart nötig. Bauphysikalisch von Vorteil ist es, dass ihre Bekleidung: Fassadenschindeln, Naturschiefer oder Holz die dahinterliegende Dämmung und die Außenwand gegen Witterungseinflüsse schützt.

**Wärmedämmung, transparent**

Eine Sonderform des Wärmedämm-Verbundsystems stellt die transparente Wärmedämmung dar. Dabei wird das übliche Verbundsystem möglichst auf Teilflächen von Südfassaden durch die Elemente dieser transparenten Wärmedämmung unterbrochen.

**Fassaden, vorgehängte**

Bauphysikalisch günstig als nachträgliche Wärmedämmung ist auch die vorgehängte Fassade aus Fassadenplatten, Schindeln oder Dachziegeln mit dahinterliegender Wärmedämmschicht. Man kann die Fassade vollständig mit den Platten bekleiden, aber auch teilweise, an der Wetterseite z.B., wie es auch früher häufig üblich war.

**Außenwände, zweischalig**

Auch bei zweischaligen Außenwänden, wie sie in nördlichen Gegenden häufig sind, lässt sich die Dämmung verstärken: indem lose Dämmstoffe in den Zwischenraum geblasen werden. Um Wärmebrücken zu vermeiden, sind damit allerdings Fachfirmen zu beauftragen.

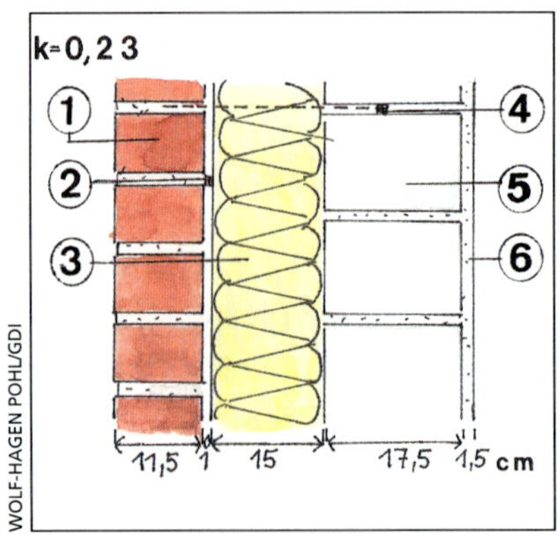


Auch Sichtmauerwerk mit Kerndämmung bietet, als zweischaliges Mauerwerk, einen wirkungsvollen Wärmeschutz und damit Voraussetzungen für ein günstiges Raumklima. 1 Sichtmauerwerk, 2 Fingerspalt, 3 Kerndämmplatte, 4 Drahtanker mit Klemmplatte und Abtropfscheibe, 5 Hintermauerwerk, 6 Innenputz.

Eine Möglichkeit der Verbesserung der Wärmedämmung, z.B. bei Fachwerkwänden, ist auch durch das Vorsetzen einer zweiten Schale, z.B. aus Porenbeton, gegeben. Wo erhaltenswerte Fassaden, wie z.B. auch bei denkmalgeschützten Häusern, eine Außendämmung ausschließen, wird man eine Innendämmung in Betracht ziehen müssen, die bauphysikalisch einige Probleme aufwerfen kann.

**Innendämmung**

So werden die Temperaturen im Querschnitt der Außenwand sinken und die Frostgrenze sich nach innen verschieben. Leitungen in der Außenwand können einfrieren, der Wasserdampf kann sich unter der Dämmschicht an den kalten Inneoberflächen der Außenwand als Wasser niederschlagen, also kondensieren, falls er nicht durch eine dampfsperrende Schicht daran gehindert wird.

Bei Betrachtung aller Argumente, mit denen sich die Bedeutung der Außenwand für das Raumklima untermauern lässt, ist leicht zu begreifen, dass im Mittelpunkt aller Bemühungen eine ausreichende Oberflächentemperatur an der Innenseite der Außenwände steht. Sie setzt bei Altbauwänden in der Regel nachträgliche Wärmedämmung voraus. Anders ist das Ziel nicht zu erreichen, diese Innenoberflächentemperatur einer thermisch behaglichen Raumtemperatur so weit anzugleichen, dass der Unterschied nicht wesentlich mehr als 2 bis 3°C beträgt.

### Worauf es bei Außenwänden für das Raumklima ankommt

- auf sichere Abdichtung der Wände im erdberührenden Teil gegen Erdfeuchte
- auf schützenden, rissfreien, gut haftenden Außenputz,
- auf trockenes Mauerwerk,
- auf eine niedrige Wärmeleitfähigkeit der Wandbaustoffe,
- auf ausreichende Wärmedämmung,
- auf eine Temperatur der inneren Wandoberflächen, die sich nur wenig von der behaglichen Raumlufttemperatur unterscheidet. So werden lästige Luftgeschwindigkeiten, Zuglufterscheinungen und Staubaufwirbelungen vermieden, Durchfeuchtungen und Schimmelbildung verhindert.
- auf eine ausreichende Wärmespeicherfähigkeit,
- auf eine kontrollierte Wasserdampfdiffusion. Die Dampfdichte der Außenwand muss von innen nach außen abnehmen,
- auf die Fähigkeit zu Wasserdampfsorption, also zeitweilige Speicherung.

## Entscheidend bei Außenwänden: die Temperatur der inneren Wandoberflächen

**Behaglichkeitsempfinden**

Bei den zahllosen Altbauten in Deutschland, deren Außenwände ungenügend wärmegedämmt sind, wird dieser Temperaturunterschied in sehr vielen Fällen die 2 bis 3°C weit überschreiten. Von beiden Größen hängt das entscheidende thermische Behaglichkeitsempfinden des Menschen ab. Voraussetzung ist, dass der menschliche Körper jeweils eine bestimmte Wärmemenge in Form von feuchter Wärme über die Wasserverdunstung auf der Haut oder als trockene Wärme abgeben kann. Unterschieden wird die Wärmeabgabe, die von der Raumlufttemperatur beeinflusst ist, von dem Strahlungsaustausch zwischen menschlichem Körper und Raumumschließungsflächen, wobei deren Temperatur entscheidend ist. Die Intensität dieses Austausches ist dabei auch vom Standort im Raum beeinflusst, da die Wandoberflächen verständlicherweise nicht gleichmäßig temperiert sind.

An kalten Außenflächen, z.B. an großen Fenstern mit hohem Wärmestrom nach außen, kühlt sich die Raumluft an der Außenfläche ab, es entsteht eine abwärts gerichtete kalte Luftströmung, die vielleicht noch durch kalte Außenluft ver-

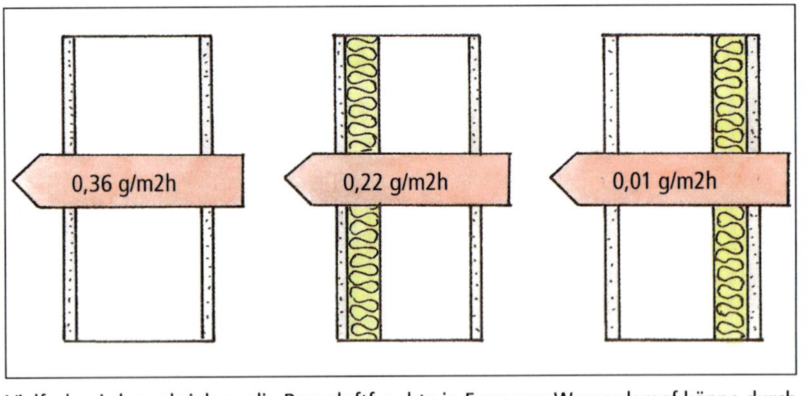


NACH G. HAUSER, FEUCHTESCHUTZTECHNISCHE PROBLEME, IN DBZ 4/87

Vielfach wird geschrieben, die Raumluftfeuchte in Form von Wasserdampf könne durch die Wand entweichen und so einen spürbaren Beitrag zum Raumklima leisten. Diese Annahme ist falsch. Die Mengen an Wasserdampf, die durch Außenwände wandern, also diffundieren, sind äußerst gering. Überschüssige Luftfeuchtigkeit im Raum muss deshalb durch Lüftung abgeführt werden. Die Zahlen geben die Wasserdampfmengen in Gramm pro Quadratmeter und Stunde an. Als Dämmstoff wurde Polystyrol-Hartschaum eingesetzt. Nähme man Mineralwolle, würden die Verhältnisse gegenüber der ungedämmten Wand 1 gleich bleiben.

Die Voraussetzungen für ein behagliches Raumklima:
1 ausreichender k-Wert der Wärmedämmung, 2 behagliche Raumlufttemperatur, 3 angemessene Luftgeschwindigkeit, maximal, 4 günstige relative Luftfeuchte, 5 Oberflächentemperatur, die sich von der Raumlufttemperatur nur wenig unterscheidet.

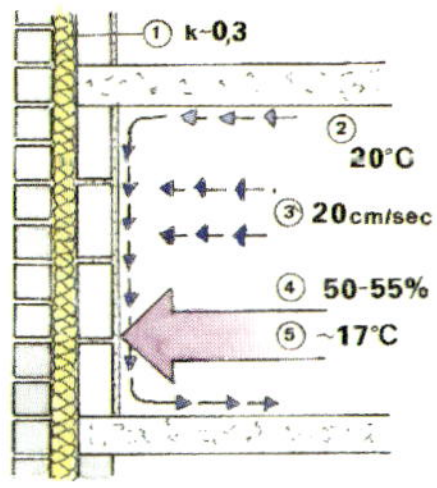


NACH „KALKSANDSTEIN", HRSG. VON DER KALKSANDSTEIN-INFORMATION

stärkt wird, wie sie über Fensterfugen eindringt. Diese Kaltluft, wenn sie am Fußboden in den Aufenthaltsbereich einströmt, macht das Raumklima unbehaglich. Denn der Mensch kann bereits Luftgeschwindigkeiten von ca. 0,1 m/sec. über empfindliche Bereiche der Haut wahrnehmen. Doppelt so hohe Geschwindigkeiten werden oft als störend empfunden, vor allem bei Temperaturen im Behaglichkeitsbereich, der, je nach Konstitution, zwischen 20 bis 22° liegt. Dafür gibt es eine medizinische Erklärung: die Hautdurchblutung wird im Behaglichkeitsbereich nicht regulierend verändert. Deshalb kann es, trifft ein kalter Luftstrom oder eine Kältestrahlung eine Hautpartie, dort zu Abkühlungen kommen, die Reflexe auf Gefäßen und Muskeln auslösen. Erkältungen und rheumatische Beschwerden können die Folge sein.

Viele Althausbewohner versuchen, diesen lästigen Störungen des Wohnbehagens auszuweichen, indem sie die Heizung höher stellen. Auf Dauer ist das Problem damit nicht zu lösen. Denn der Unterschied zwischen Raumlufttemperatur und Temperatur der Innenoberflächen der Außenwände sollte natürlich niedrig gehalten werden. Ganz abgesehen davon, dass die hohe Temperatur für sich unbehaglich ist, Heizenergie verschwendet wird und es zu verstärkten Luftbewegungen und Temperaturstrahlungen kommen kann.

**Wasserdampfdiffusion**

Noch eine weitere, für das Raumklima nicht unwichtige Erscheinung ist bei der Außenwand festzustellen: die Wasserdampfdiffusion. Da sie ein wichtiger Teil des Feuchteproblems ist, das in bewohnten Häusern eine Rolle spielt und zu Schäden führen kann, wird sie uns noch in anderen Zusammenhängen beschäftigen. Hier nur einige grundlegende Bemerkungen über den Zusammenhang der Raumluftfeuchtigkeit mit der Außenwand. Feuchtigkeit, wie sie durch Wohn- und Lebensvorgänge in bewohnten Räumen entsteht, ist in der Raumluft als gasförmiger, unsichtbarer Wasserdampf enthalten. Die Menge hängt auch von der Lufttemperatur ab.

**Kondensat**

Unterschreitet die Temperatur der inneren Oberflächen der Außenwand die Raumlufttemperatur beträchtlich, dann wird sich dort der Wasserdampf als Tauwasser, Schwitzwasser, Kondensat niederschlagen, die Wandteile durchfeuch-

ten und dem Wachstum von Schimmelpilzen Vorschub leisten. Wasserdampfmoleküle wandern auch durch die Außenwand. Man spricht von Wasserdampfdiffusion. Allerdings ist die Menge gering.
Keinesfalls reicht sie aus, um z.B. die Feuchtigkeit der Raumluft abzuführen und zu besserem Raumklima beizutragen, wie mitunter vermutet wird. Diese Vermutung hat dazu geführt, dass atmende Außenwände aus Gesundheitsgründen gefordert werden. Außenwände aber können weder atmen, noch kann Luft hindurchströmen, denn Außenwände sind luftdicht. Müssen es sein. Die Luftbewegung im Raum wäre sonst höchst unbehaglich. Auch sind Wasserdampfdiffusion und Durchgang von Luft zwei völlig verschiedene Vorgänge. Die Wasserdampfdiffusion durch die Außenwand ist überhaupt nur beachtenswert, insofern sie im Wandquerschnitt zu Tauwasser führen und die Wandmaterialien durchfeuchten kann. Dies muss, damit die Menge ein bestimmtes Maß nicht übersteigt, verhindert werden, z.B. durch Dampfsperren an der warmen Raumseite. Feuchtigkeit aus dem Raum aber in nötiger Menge abzuführen, ist nur durch Fensterlüftung oder durch mechanische Lüftung möglich.

**Außenwände atmen nicht**

**Wasserdampfsorption**

Wände, Innenwände wie Außenwände, können aber Feuchtigkeit puffern, also kurzzeitig speichern. Der Bauphysiker spricht von Wasserdampfsorption. Die Pufferung kann durch Innenputze geschehen, durch Gipsbauplatten jeglicher Art, auch durch Holzverkleidungen oder Möblierung. Diese Sorp-

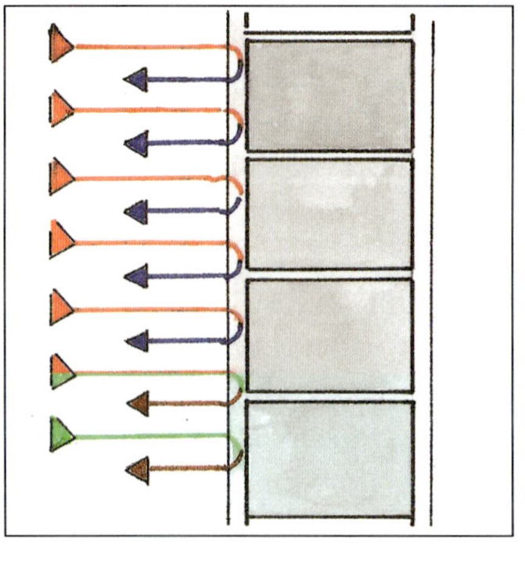

Auch Wasserdampfsorption, bei der die Oberflächenschichten der Bauteile Wasserdampf aus der Raumluft aufnehmen, eine Zeit lang speichern und bei veränderten Raumluftbedingungen (Lüftung) wieder abgeben, gehört zu den physikalischen Vorgängen, die ausgleichend auf das Raumklima wirken.

tionsfähigkeit wirkt ausgleichend auf das Raumklima und unterstützt die Lüftung. Denn die vorübergehend gespeicherte Wassermenge wird nach dem Lüften an die dann wieder trockenere Innenraumluft abgegeben. Sorption ersetzt also die Feuchteabfuhr durch Lüftung nicht. Bedenken, dass bei Innendämmungen mit Dampfsperre die für das Raumklima wichtigen Sorptionseigenschaften verlorengehen könnten, sind unbegründet. Denn die Dampfsperre liegt hinter der Innenverkleidung der Außenwände, die Feuchtigkeit aufnimmt. Dampfdichte Tapeten und Beschichtungen der Innenverkleidung sind allerdings zu vermeiden.

# Was geschieht im wärmegedämmten Schrägdach?

Dächer, Schrägdacher, wie sie bei Wohnhäusern die Regel sind, zählen zur Außenhülle wie die Außenwand, Fenster und Türen. Wodurch können Schrägdächer das Raumklima belasten? Durch mangelnde Wärmedämmung und durch undichte Stellen. Beim nicht ausgebauten Dachgeschoss können die Funktionen auch getrennt sein: Eindeckung und Folie gegen eindringende Feuchtigkeit dichten das Dach ab, eine Wärmedämmschicht auf dem Fußboden des Dachgeschosses, als oberster Geschossdecke, hindert Wärme aus den darunterliegenden Räumen am Entweichen.

**Oberste Geschossdecke**

Anders, wenn das Dachgeschoss ausgebaut ist oder ausgebaut werden soll: dann ist den Bauteilschichten des wärmegedämmten Aufbaus und ihrer Reihenfolge besondere Sorgfalt zu widmen. Denn gegenüber dem unausgebauten Dachgeschoss, wo ständiger Temperatur- und Feuchteausgleich zwischen innen und außen weitgehend gewährleistet ist, verändert sich durch Ausbau und Wärmedämmung die bauphysikalische Situation von Grund auf. Oberhalb und unterhalb der Dachkonstruktion mit ihrer Wärmedämmschicht, also draußen und drinnen, herrschen jetzt plötzlich unterschiedliche Temperaturen und Feuchtigkeitsgehalte. Schon bei -10°C Außentemperatur und +20° Innentemperatur macht dieser Unterschied 30°C aus.

**Temperaturunterschiede**

Das Raumklima des Dachgeschosses wird davon abhängen, ob die Wärmedämmschicht schadensfrei funktioniert, also trocken bleibt, und der Aufbau insgesamt das Eindringen von Feuchtigkeit, von außen als Schnee oder Regen, von innen als Wasserdampf, verhindert. Und auch Feuchtigkeit, die eventuell eindringt oder sich bildet, abführt, bevor sie Schaden stiften kann.

## Die wichtigsten Dämmarten

### Zwischensparrendämmung

Grundsätzlich bleibt die Wahl zwischen mehreren Dämmarten, wobei die Aufsparrendämmung, bei der die Wärmedämmschicht auf den Sparren verlegt ist und die Holzkonstruktion des Daches vollständig einhüllt, besonders bei Neubauten ausgeführt wird. Bei bestehenden Häusern wird die nachträgliche Dämmung meist zwischen den Sparren eingebracht. Da aber immer dickere Dämmschichten gefordert wer-

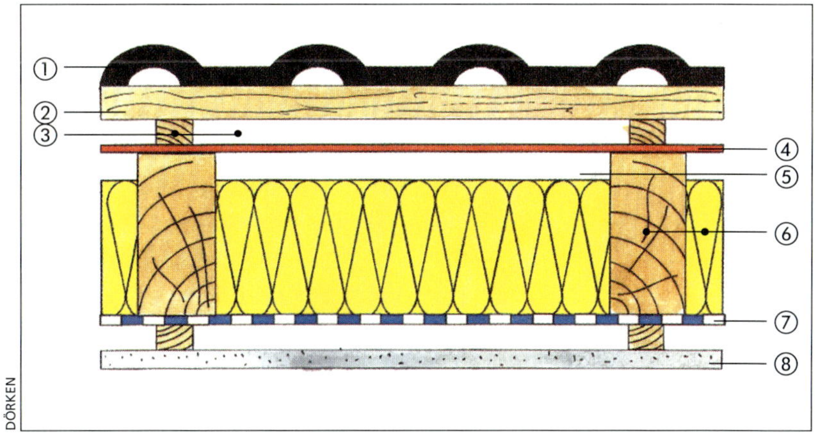


So ist ein wärmegedämmtes, hinterlüftetes Schrägdach (Kaltdach) richtig aufgebaut: 1 Eindeckung, 2 Dachlattung, 3 Konterlattung und Lüftungsschicht als Trocknungshilfe für Eindeckung und Lattung, 4 Unterspannbahn, 5 Lüftungsschicht zwischen Wärmedämmung und Unterspannbahn, 6 Wärmedämmung zwischen den Sparren, 7 Luft- und Dampfsperre, 8 Innenverkleidung auf Ausgleichslattung.

den, reicht die Sparrentiefe oft nicht mehr aus. Zumal bei hinterlüfteten Dachaufbauten, bei denen die Sparrentiefe noch für eine Hinterlüftungsschicht Platz bieten muss. Man ergänzt deshalb die Zwischensparrendämmung durch eine zweite, dünnere Dämmschicht unter den Sparren. So können die Anforderungen an die Wärmedämmung, die der Gesetzgeber stellt, erfüllt werden. Diese hinterlüftete Konstruktion ist insofern problematisch, als die Hinterlüftungsschicht durchgängig mindestens 2 cm betragen muss, doch sowohl ein mögliches Durchhängen der Unterspannbahn wie auch ein Aufgehen falsch berechneter Mineralwolledicke diese Hinterlüftungsschicht verengen kann. Außerdem fordert sie eine Zuluftöffnung an der Traufe und eine Abluftöffnung am First bzw. in der Dachfläche von bestimmten Mindestwerten.

**Darauf kommt es beim Schrägdach für das Raumklima an**

- Auf schadensfreie Dacheindeckung,
- auf ausreichende Wärmedämmung des Daches und der Giebelwände,
- auf die richtige Abfolge der Bauteilschichten,
- auf extrem wasserdampfdurchlässige Unterspannbahn bei der Vollsparrendämmung ohne Hinterlüftung (Warmdach),
- auf die nötigen Mindestmaße der Hinterlüftungsschicht und der Zuluft- bzw. Abluftöffnungen an der Traufe und im First beim hinterlüfteten Dachaufbau (Kaltdach),
- auf die völlige Dichte der Luft- und Dampfsperre auf der warmen Raumseite gegen anschließende Bauteile, Schornstein, Lüftungsrohre ect. und bei den Überlappungen der Sperrfolie,
- auf die Konterlattung längs der Sparren, die als Trocknungshilfe der Dachpfannen wirkt,
- auf die Schadensfreiheit der hölzernen Dachkonstruktion.

## Vollsparrendämmung

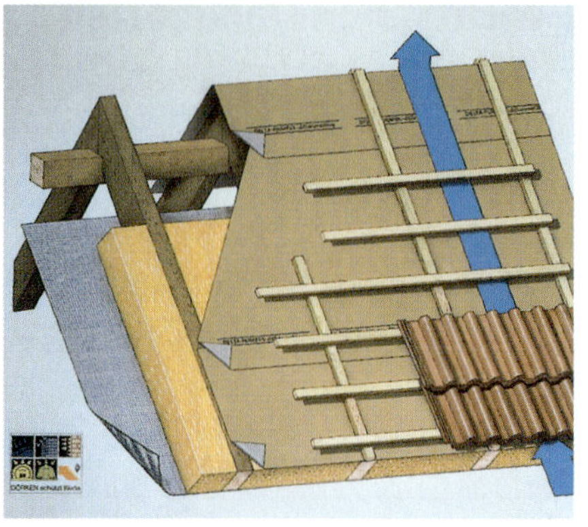
DÖRKEN

Die Entwicklung einer extrem dampfdurchlässigen Unterspannbahn macht es möglich, auf die Hinterlüftungsschicht zu verzichten und die Sparrenhöhe voll für die Wärmedämmung zu nutzen.

Die heutige Vollsparrendämmung hat diese Unwägbarkeiten beseitigt, bietet größere Sicherheit, erfordert allerdings auch, bei nachträglicher Ausführung, ein Entfernen und Neuverlegen von Dachziegeln und Lattungen. Damit diese Vollsparrendämmung einwandfrei und sicher für lange Zeit funktioniert, sind zwei Punkte besonders zu beachten: die Unterspannbahn auf den Sparren, die der Wärmedämmschicht zwischen den Sparren aufliegt, muss nicht nur regendicht, sondern extrem wasserdampfdurchlässig sein. Die Luft- und Dampfsperre auf der warmen Raumseite dagegen, die also die Wärmedämmschicht gegen den Raum hin begrenzt, muss absolut luftdicht ausgeführt werden: sie muss an den Überlappungen verklebt und an den Anschlüssen an andere Bauteile wie Giebelwände, Schornsteine ect. so verarbeitet sein, dass Luftlecks und Fugen vollständig vermieden werden. Warum?

## Notwendig: dichte Anschlüsse

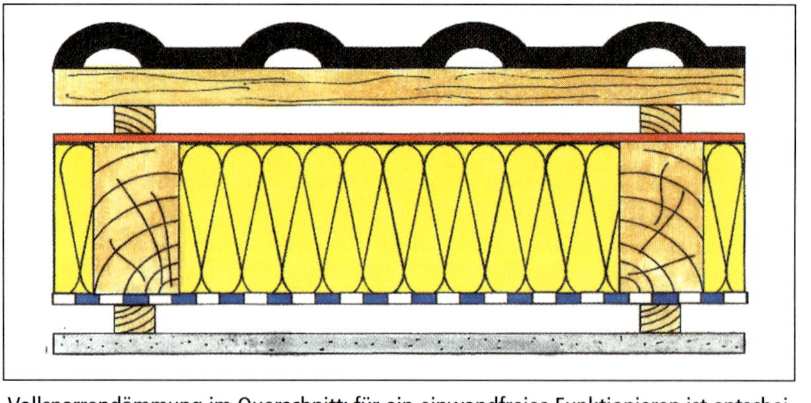
DÖRKEN

Vollsparrendämmung im Querschnitt: für ein einwandfreies Funktionieren ist entscheidend, dass die Unterspannbahn (rot) extrem wasserdampfdurchlässig ist und die Luft/Dampfsperre (blau) überall ohne Luftlecks an angrenzende Bauteile dicht anschließt.

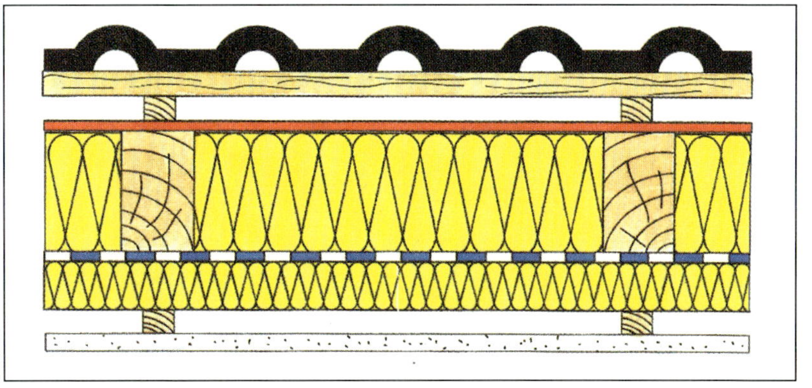


Wo geringe Sparrenhöhe es nötig macht, kann eine zweite Dämmschicht unter den Sparren angebracht werden. Diese Dämmschicht muss dünner sein als die Hauptdämmung. Die Luft- und Dampfsperre kann zwischen den Dämmschichten verlaufen. Sie bewahrt dann auch die Luft- und Dampfsperre vor Beschädigungen.

## Luftlecks vermeiden

Weil eine Dachkonstruktion nicht nur nach außen gegen Regen und Wind geschützt sein muss, wie es durch die eben erwähnte Unterspannbahn geschieht, sondern durch eine zweite Sperre innen auch Gewähr bieten muss, dass warme, feuchtigkeitsgesättigte Raumluft nicht durch Luftlecks und Fugen in die Konstruktion eindringt und sich dort, in den kälteren äußeren Bauteilschichten, als Kondensat, als Wasser niederschlägt und die Konstruktion durchfeuchtet.

Wir haben dabei zwei Arten des Feuchtigkeitstransports zu unterscheiden: in molekularer Form als Wasserdampfdiffusion durch die Bauteilschichten, als feuchte Raumluft, Konvektion also, durch Löcher in der Folie, Luftlecks, Fugen und Beschädigungen durch die Verarbeitung. Um einen Vergleich zwischen beiden Feuchtigkeitstransporten zu haben: bei der Dampfdiffusion schwankt die

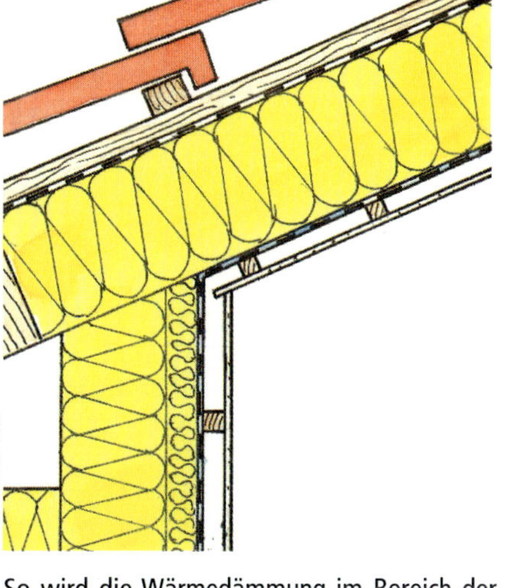


So wird die Wärmedämmung im Bereich der Drempelwand unter der Dachschräge geführt: luftdicht in der Fläche und in den Anschlüssen.

### Auch Sonnenschutz ist für das Raumklima unterm Dach nötig

Dachräume erwärmen sich im Sommer schnell, wenn Sonnenstrahlen ungehindert vor allem durch Dachflächenfenster eindringen. Als wirksamen und dosierbaren Sonnenschutz haben sich Außenmarkisen oder außen angebrachte Rolladen bewährt, die Licht und Wärme bereits von außen, also vor Eindringen durch die Verglasung, abschirmen. Nötig ist ferner planmäßiges nächtliches Lüften, das spezielle Öffnungsvorrichtungen an den Dachflächenfenstern sicherer macht.

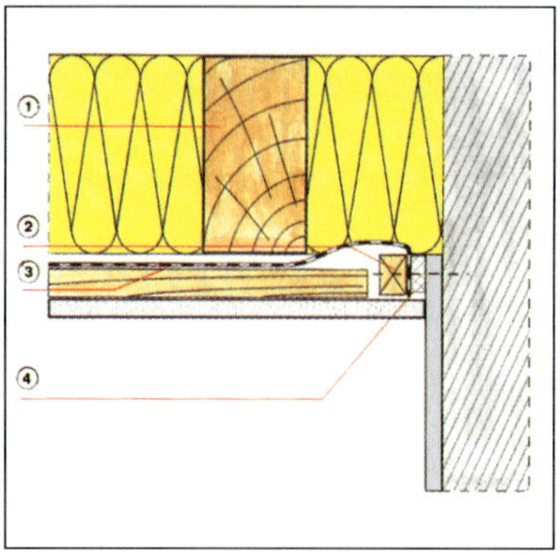


DÖRKEN

Um das Eindringen feuchter Innenraumluft in die Dämmung zu verhindern, also Luftlecks und Fugen zu vermeiden, kann der Anschluss an angrenzende Bauteile so ausgeführt werden: 1 Sparren, 2 Anpresslatte, 3 Luft/Dampfsperre, 4 vorkomprimiertes Dichtungsband.

KNAUF

Giebelwände sind Außenwände. Ihre zu geringe Wärmedämmung kann das Raumklima ungünstig beeinflussen. Innendämmung durch eine vorgesetzte Schale vermag hier Abhilfe zu schaffen.

Menge pro Quadratmeter Dachfläche zwischen 0,2 und 2,2 Gramm pro Stunde. Beim Transport feuchter Luft durch Fugen und Luftlecks dagegen ist pro Meter Fugenlänge bei 1 Millimeter Fugenbreite mit 34 Gramm pro Stunde, bei 5 mm Fugenbreite gar mit 660 Gramm pro Stunde zu rechnen. Wenn also, bei der beschriebenen Konstruktion Feuchteschäden auftauchen, die natürlich auch das Raumklima belasten, zumal sie die Dämmwirkung verringern, dann dürften in der Regel undichte Stellen der inneren Luft-und Dampfsperre die Ursache sein. Doch kann es zu Feuchteschäden mitunter auch kommen, wenn die Unterspannbahn nicht ausreichd dampfdurchlässig ist, also eine falsche Folie verwendet wurde.

## Ursachen der Feuchteschäden

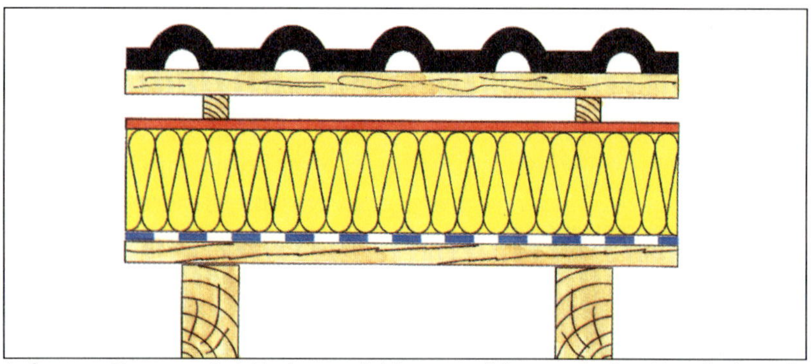

DÖRKEN

Aufsparrendämmung: bei Neubauten leicht zu realisieren, mit dem Vorteil, dass die Holzkonstruktion des Daches völlig eingehüllt ist und Balken und Holzschalung innen sichtbar bleiben können. Im Altbau mit einem gewissen Aufwand verbunden.

# Feuchtigkeit – des Hauses ärgster Feind

Unerwünschte Feuchtigkeit kann leider überall im Haus auftreten, aus vielerlei Ursachen, von denen keine leicht genommen werden sollte. So wichtig es ist, Feuchteschäden im Haus vor Beginn von Modernisierungsarbeiten zu beseitigen und für die Zukunft zu verhindern: so wichtig ist ihre Beseitigung und Verhinderung auch im Hinblick auf das Raumklima. Denn wo tritt Feuchtigkeit in der Regel auf, worin bewegt sie sich? Im und am Mauerwerk. In den Umschließungsflächen der Räume, um deren Klima es uns geht.

Besonders gefährdet sind verständlicherweise die erdberührenden Mauern alter und älterer Häuser. Denn dort fehlt häufig jene konstruktive Vorsorge, die bei Neubauten, sorgfältige Arbeit vorausgesetzt, sicher vor Feuchtigkeit schützt. Alte Bauten, Fachwerkhäuser zumal, haben häufig kein Fundament oder nur in unzureichender Ausführung, die eine Feuchtigkeitsperre zwischen Fundament und aufgehender Außenwand erschwert oder nicht zulässt.

**Feuchtigkeitssperren**

Bei unterkellerten Häusern wird diese Horizontalsperre durch eine Vertikalsperre, eine senkrechte Abdichtungsschicht also, ergänzt werden müssen, die das Kellermauerwerk vom Erdreich und seiner Feuchte trennt. Wobei der senkrechten Abdichtung oft mehr Bedeutung zukommt als der Horizontalsperre. Welches Abdichtungssystem im Einzelfall nötig ist, hängt vor allem von den Bodenschichten ab.

**Bodenschichten**

Man unterscheidet drei Beanspruchungsgruppen. Nichtbindige Böden aus Sand und Kies z.B., mit guter Durchlässigkeit, sind am günstigsten. Sind die Böden mittel bis schlecht durchlässig, also bindig, ist außer einer senkrechten äußeren Wandabdichtung zum Schutz gegen nichtdrückendes Wasser, in der

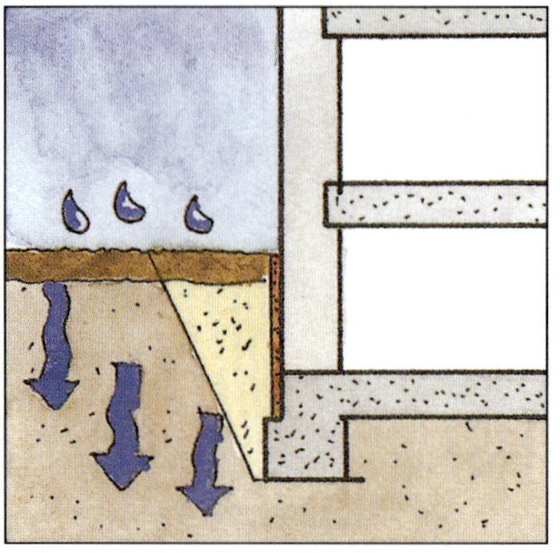


In das erdberührende Mauerwerk vieler alter Häuser dringt aus dem Erdreich Feuchtigkeit ein. Welcher Schutz dagegen nötig ist, hängt auch von der Bodenbeschaffenheit des Grundstücks ab. Bei gut durchlässigen Sand- und Kiesböden, also bei nichtbindigen Böden, ist nur Schutz gegen Bodenfeuchtigkeit nötig. Denn das Wasser staut sich nicht und sickert lotrecht ab.

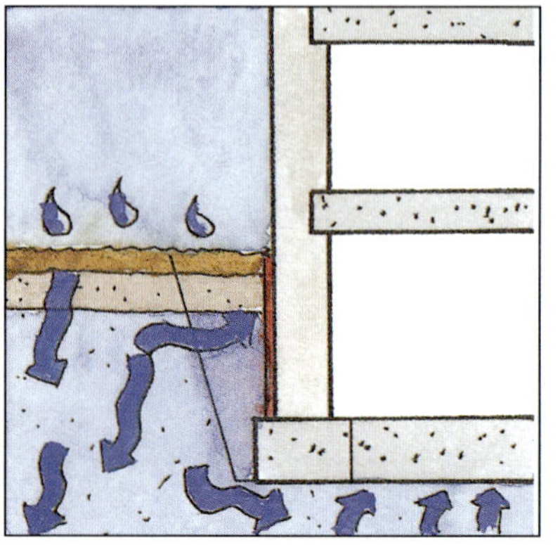


Bei Böden mit Grundwasser, das ständig von allen Seiten Druck ausübt, sind besondere Abdichtungen erforderlich. Zumal das Grundwasser auch Substanzen enthalten kann, die Beton angreifen.

Regel auch eine Dränung nötig. Die dritte Beanspruchungsgruppe umfasst die Situation, bei der Grundwasser von allen Seiten ständig einen Druck auf die erdberührenden Bauteile ausübt. Hier sind als Abdichtung spezielle Beschichtungen nötig, zumal das Grundwasser oft auch Substanzen enthält, die Beton angreifen. Welche Ursachen die Wandfeuchtigkeit im einzelnen hat, was also gegen die Feuchtigkeit zu tun ist, muss durch eine verlässliche Analyse festgestellt werden. Sonst besteht die Gefahr, dass falsche Maßnahmen das Übel verschlimmern.

## Feuchte, die in der Mauer hochsteigt

**Saugfähigkeit**

Wie kommt es, dass Feuchtigkeit aus der Erde in das Mauerwerk dringen und in der Mauer hochsteigen kann? Wandbaustoffe sind saugfähig, denn sie besitzen Kapillaren, feine Poren. Während im Fassadenbereich, z.B. in der Spritzwasserzone über Erdreich, in der Regel Durchfeuchtungs- und Trocknungsvorgänge miteinander abwechseln, wird im erdberührenden Bereich vom Baustoff nur ständig Wasser aufgesaugt. Denn eine Belüftung, die es abführen könnte wie über

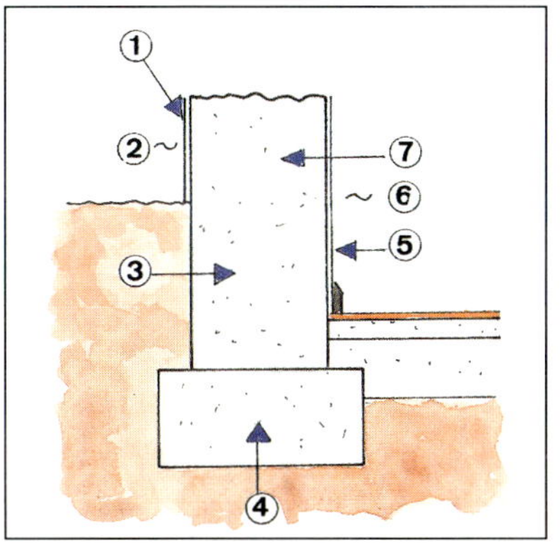


Feuchtigkeit kann auf verschiedene Weise ins Mauerwerk dringen: 1 durch Schlagregen, 2 Wasserdampf, 3 Sicker- und Hangwasser, 4 kapillare Feuchtigkeitsaufnahme, 5 Kondensation, 6 hygroskopische Wasseraufnahme aus der Raumluft, 7 Kapillarkondensation.

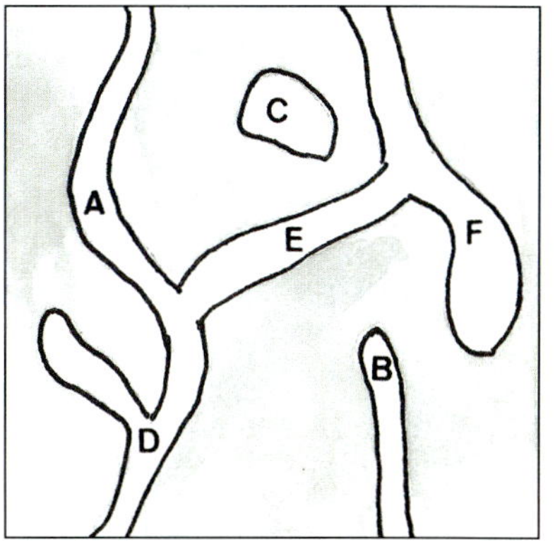


Ursache für die kapillare Wasseraufnahme aus dem Erdreich sind die Poren der Baustoffe und ihr Volumen, also der Anteil der Poren am Gesamtvolumen des Baustoffs. Beträgt das Volumen z.B. 18% eines $m^3$ Baustoff, dann ergibt sich eine Flüssigkeitsaufnahme von 180 l. Die Kapillaren sind mikroskopisch klein. A durchgehende Pore, B Sackpore, C geschlossene Pore, D Verzweigung, E Verbindung, F Flaschenhals.

Erdreich, gibt es nicht. So wird die Feuchtigkeit allmählich über das Kapillarsystem des Baustoffs nach oben transportiert.

**Bauschädliche Salze**

Man spricht von aufsteigender Feuchtigkeit. Würde nun im Mauerwerk nur reines Wasser nach oben steigen, wären die Probleme geringer. Da aber das in den Kapillaren aufsteigende Wasser bauschädliche Salze aus dem Erdreich mit sich führt, die oberhalb des Geländes im Mauerwerk abgelagert und konzentriert werden, ergeben sich zusätzliche Schadensursachen. Denn diese Salze nehmen ihrerseits aus der Luft Feuchtigkeit auf. Man spricht von hygroskopischer Wasseraufnahme.

**Kapillardurchmesser**

Zum besseren Verständnis: würde man die Baustoffoberfläche abdichten, würde nichts gebessert. Das Wasser würde in der Wand nur um so höher steigen. Auch ist zu beachten, dass die kapillare Steighöhe zunimmt, je geringer der Kapillardurchmesser ist. Dass sich aber die kapillare Sauggeschwindigkeit vergrößert, je größer der Kapillardurchmesser ist.

Diese kapillare Wasseraufnahme kann sich noch verstärken, wenn die Erdfeuchtigkeit, z.B. als Hangwasser, einen gewissen Druck ausübt.

Bei Bestandsaufnahmen von Gebäuden zeigt sich, dass zwar der kapillare Mechanismus zur ersten Druchfeuchtung führte, die daraus resultierende Versalzung und ihr stetiges Ansteigen aber durch den hygroskopischen Mechanismus mit zunehmendem Alter des Gebäudes häufig weitaus mehr Schaden stiften können.

**Hygroskopische Wasseraufnahme**

Die Feuchtigkeit in der Wand kann auch durch die bereits erwähnte sogenannte hygroskopische Wasseraufnahme erhöht werden, bei der jene Gebäudeteile Feuchtigkeit aus der Raumluft aufnehmen, die durch aufsteigende Feuchtigkeit versalzt sind. Relative Luftfeuchtigkeit, Versalzungsgrad und Versalzungsart spielen dabei eine Rolle. Besonders betroffen von diesem Feuchtigkeitsaufnahmemechanismus sind Kellerräume und Bereiche des Erdgeschosses.

**Schimmel**

Feuchte in der Außenwand kann Schäden zur Folge haben, die das Raumklima erheblich beeinträchtigen. Z.B. durch Schimmel, dessen Sporen zu lästigen Allergien führen können. Auch mechanische Schäden treten als Folgen auf: als Gefügezerstörungen der Baustoffe durch Gefrieren des Wassers im Bauteil oder durch auskristallisierende Salze, wobei sich jeweils das Volumen vergrößert und ein Sprengdruck entsteht.

Da durchfeuchtete Wände Wärme stärker leiten als trockene Wände, kommt es zur Senkung der inneren Oberflächentemperaturen der Außenwände mit allen direkten Folgen für das Raumklima, von Zugerscheinungen bis zur Kälteabstrahlung und den Beeinträchtigungen der Gesundheit.

## Mauerwerk muss trocken sein

Feuchteschäden im Haus, die in der Regel immer den Wohnwert beeinträchtigen, lassen sich nicht durch halbe Maßnahmen beseitigen. Ihre Sanierung erfordert eine erfahrene Fachfirma. An Maßnahmen ist eine nachträgliche Horizontalab-

**Horizontalabdichtung**

dichtung möglich, entweder im Mauersägeverfahren durch Einziehen einer Folie oder durch Einbringen korrosionsbeständiger Bleche, z.B. Chromstahlbleche. Auch das Injektionsverfahren hat sich bewährt, bei dem ein Injektionsmittel mit oder ohne Druck eingesetzt wird, das sich im Kapillarraum des Mauerwerks verteilt. Auch eine Vertikalabdichtung zwischen Mauerwerk und Erdreich ist nachträglich einzubringen. Sie ist oft wirkungsvoller als eine Horizontalmaßnahme. Hier werden verschiedene Systeme angeboten, die eine wasserdichte Sperre auf der abzudichtenden Wandfläche ergeben. Als flankierende Maßnahme ist die Dränung zu sehen.

**Dränung**

Sie ist dort angebracht, wo die Bodenart mittel bis schlecht durchlässig, also bindig ist und die Gefahr von Stauwasser droht. Die Dränrohre müssen dann jeweils so tief liegen, dass die untere horizontale Sperrschicht in der Außenwand und die Unterseite der Kellersohle mit Sicherheit oberhalb des Stauwassers liegen.

Bauschädliche Salze, die aus dem Erdreich in den Kapillaren des Mauerwerks mit der Erdfeuchte nach oben steigen und sich über der Erdoberfläche ablagern, werfen eine Reihe von

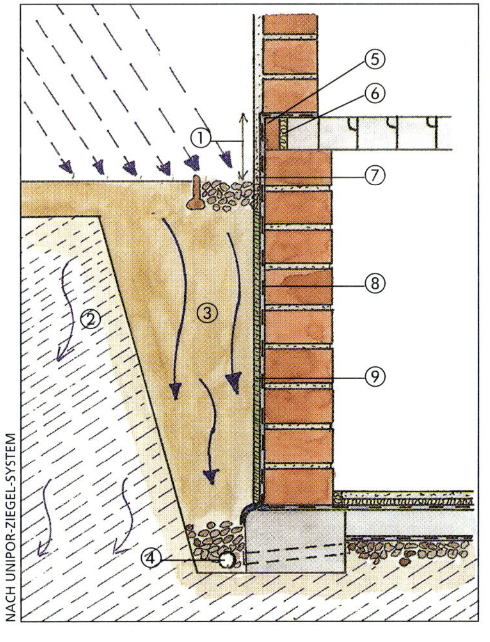


Der Schutz gegen nichtdrückendes Wasser, wie es bei bindigen, schlecht wasserdurchlässigen Bodenarten auftritt, macht eine Dränung erforderlich, um dauerndes Stauwasser zu vermeiden. 1 Sockelhöhe, mindestens 30 cm, 2 bindige Böden, 3 nichtbindige Böden, 4 Dränung, 5 Vormauerung, 6 Dämmung, 7 Dichtungsschlemme als Putzuntergrund im Sockelbereich, 8 Dichtungssystem, 9 Schutzplatte.

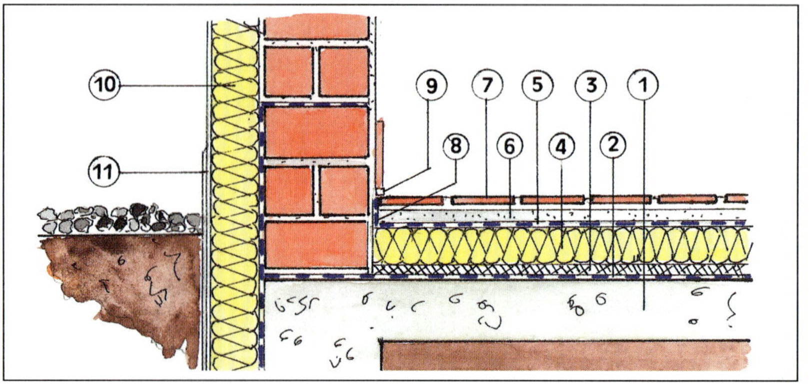


NACH IVH

Wärmegedämmter Fußbodenaufbau bei nicht unterkellerten Räumen, also über Erdboden: 1 Bodenplatte aus Beton, 2 Feuchtigkeitssperre, 3 Trittschalldämmplatte, 4 Wärmedämmplatte, 70 mm, 5 PE-Folie als Abdeckung, 0,1 mm, 6 4 cm Zementestrich, 7 Plattenbelag im Dünnbett, 8 Randstreifen, 9 elastische Fugenmasse, 10 Styropor-Außendämmung mit gewebearmiertem Putz, 10 cm, 11 Sockelputz. Grundsätzlich hängt der Fußboden-Aufbau von der jeweiligen Nutzung ab.

Problemen auf, die ihre Behandlung erschwert. Keinesfalls kommt sie einer Entsalzung des Mauerwerks gleich. Zum Neuverputz versalzten Mauerwerks können nicht beliebige Kalk- oder Kalkzementmörtel eingesetzt werden. Geeignet sind nur spezielle Putzsysteme, bekannt unter dem Namen Sanierputz, die eine verringerte Wasseraufnahme bei erhöhter Wasserdampfdurchlässigkeit besitzen.

## Sanierputz

Sanierputze werden zweilagig aufgetragen: auf einem Grundputz, der als Salzspeicherputz die Salzbefrachtung relativ schnell aufnimmt, wird der eigentliche Sanierputz aufgezogen. Die Salze kristallisieren im Bereich des Grundputzes allmählich aus. Da wegen der hohen Wasserdampfdurchlässigkeit der Putzschichten das Wasser nach außen abgegeben wird, ist eine Durchfeuchtung der Putzoberfläche ausgeschlossen. Man erhält

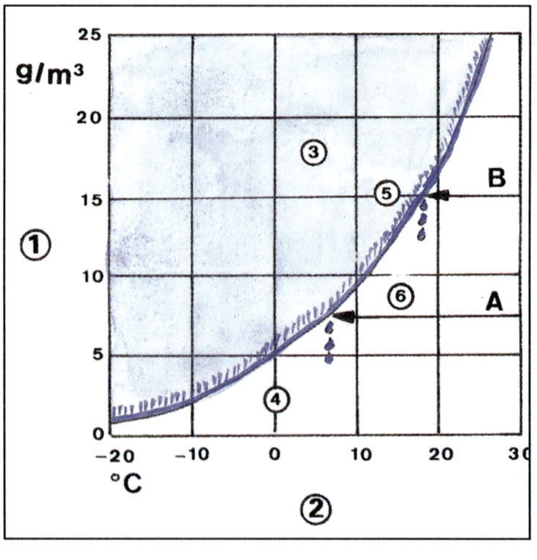


NACH BECKERT U.A., GESUNDES WOHNEN/HELMUT KÜNZEL

Tauwasser (Schwitzwasser, Kondensat) ist eine häufige Ursache für Feuchteschäden im Haus. Tauwasser entsteht, wenn feuchtehaltige warme Luft, die mehr Wasser aufnehmen kann als kalte Luft, auf kalte Bauteile stößt. 1 Wassergehalt der Luft in g/m³, 2 Lufttemperatur in Grad Celsius, 3 flüssiges Wasser, 4 Wasserdampf, 5 Taupunktkurve, 6 Abkühlung. Beispiel A: Luft mit einem Wassergehalt von 7,5 g/m³ erreicht bei 6°C den Taupunkt, bei weiterer Abkühlung fällt Wasser aus. Beispiel B: Luft mit einem Wassergehalt von 15 g/m³ erreicht, wenn sie abkühlt, bereits bei 17,5°C den Taupunkt, bei dem Wasser ausfällt.

Schematische Darstellung eines zentralen Vorgangs: Bodenfeuchtigkeit, die in die Wand eindringt, verdunstet. Die von der Bodenfeuchtigkeit mitgeführten Salze reichern sich dort, dicht unter der Oberfläche, an und kristallisieren aus. Dabei entwickelt sich durch die Volumenvergrößerung eine Sprengkraft, die zu Zerstörungen von Putzschale und Mauerwerk führen kann. Erkennbar ist dieser Vorgang meist an den kristallinen Salzausblühungen an der Oberfläche.

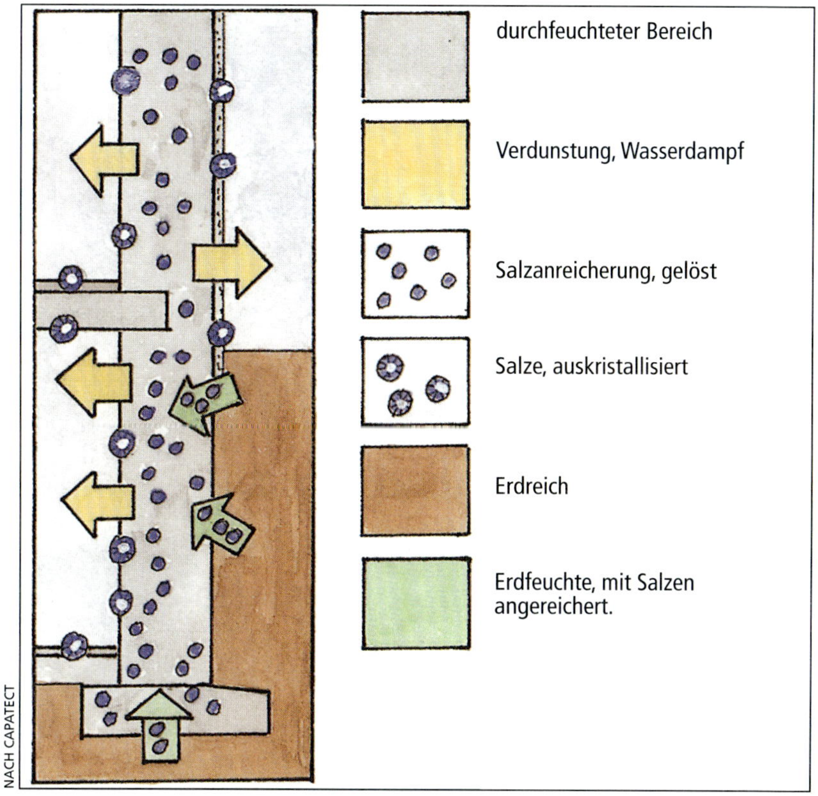


eine salzfreie, trockene Oberfläche, die mit diffusionsfähigen mineralischen Anstrichsystemen gestrichen werden kann. Einschränkend ist zu sagen, dass solche Sanierputze durch ihre Wirkungsweise nur die Optik der Putzoberfläche verbessern, für eine mehr oder minder lange Zeit, und keinesfalls die Salze neutralisieren und auf Dauer unschädlich machen.

Schematische Darstellung der Bohrlöcher bei einer chemischen Bohrloch-Injektage, um Bodenfeuchtigkeit am Aufsteigen im Mauerwerk zu hindern. In der Regel sind die Bohrlöcher im Abstand von 12 cm angeordnet, der Bohrlochdurchmesser beträgt 20 bis 30 mm.

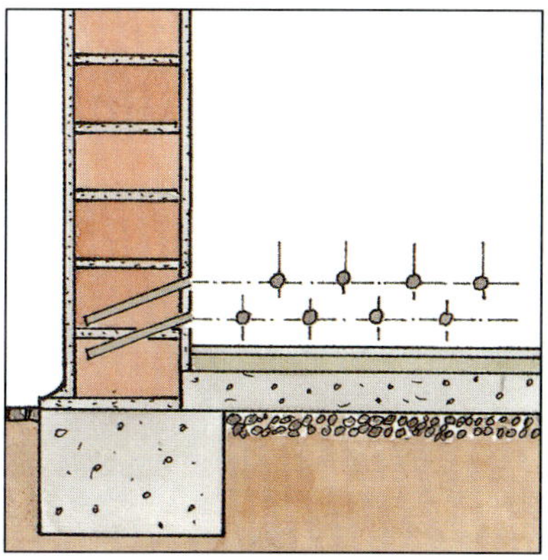

So störend und schwierig zu beseitigen Feuchtigkeit aus dem Erdreich auch sein mag, es sind noch andere Stellen des Hauses von Feuchtigkeit bedroht. Von Feuchtigkeit, die das Raumklima direkt beeinflussen kann. Feuchtigkeit kann durch defekten Putz eindringen wie durch undichte Dacheindeckung.

Zu Feuchteschäden kann es kommen, wenn sich an bestimmten Stellen, in der Regel auf der Innenseite des Außenmauerwerks, Feuchtigkeit in Dampfform aus der Raumluft an kalten Wandbereichen als Wasser niederschlägt, z.B. an sogenannten Wärmebrücken. Man spricht von Kondensation, Tauwasser oder Schwitzwasser. Der Mechanismus ist eine alltägliche Erscheinung: wenn man an einem winterlichen Tag in einen warmen Raum tritt, beschlägt die Brille: die Feuchtigkeit der Raumluft hat an den kalten Gläsern der Brille kondensiert.

### Wie kann Feuchtigkeit das Raumklima beeinträchtigen?

- Wenn sie aus dem Erdreich im Mauerwerk hochsteigt,
- wenn Schlagregen oder Spritzwasser den defekten Putz durchfeuchten,
- wenn der Wasserdampf der Raumluft an kalten inneren Wandflächen kondensiert, als Wasser ausfällt, z.B. in Raumecken, an Wärmebrücken,
- wenn sich an Wänden, z.B. hinter Schränken oder Vorhängen, Schimmel bildet,
- wenn unterm Dach feuchtwarme Raumluft durch Luftlecks der Luft- und Dampfsperre auf der warmen Raumseite in die Konstruktion eindringt und dort kondensiert,
- wenn die Unterspannbahn des wärmegedämmten Dachaufbaus bei Vollsparrendämmung nicht extrem dampfdurchlässig ist oder, bei hinterlüfteter Dämmung, der Hinterlüftungsquerschnitt nicht ausreicht oder sich wegen der minderen Qualität des Dämm-Materials verengt,
- wenn die Raumluft an ungenügend wärmegedämmten Fenstern kondensiert,
- wenn der Feuchtegehalt der Raumluft zu hoch ansteigt, weil nicht ausreichend gelüftet wurde.

# Achtung Wärmebrücken!

Bauschäden der unterschiedlichsten Ursachen können sehr ungünstigen Einfluss auf die Bedingungen des Raumklimas nehmen. Das gilt für alte und ältere Häuser, wo die Witterungseinflüsse im Laufe der Zeit die Substanz angreifen, gilt für fehlerhafte Modernisierung, und kann verursacht sein durch die Problematik, wie die bauliche Anpassung alten Bestands an zeitgemäße Forderungen sie mit sich bringt. Bauschäden treten aber leider auch bei Neubauten auf, wo häufig die Unkenntnis der Handwerker im Umgang mit neuen Baustoffen, die Unkenntnis bauphysikalischer Gesetzmäßigkeiten die Ursache sein kann, oder aber einfach fehlerhafte Arbeit die Schuld trägt. Hauseigentümer, denen an behaglichem Raumklima gelegen ist, sollten ihr Haus auf Bauschä-

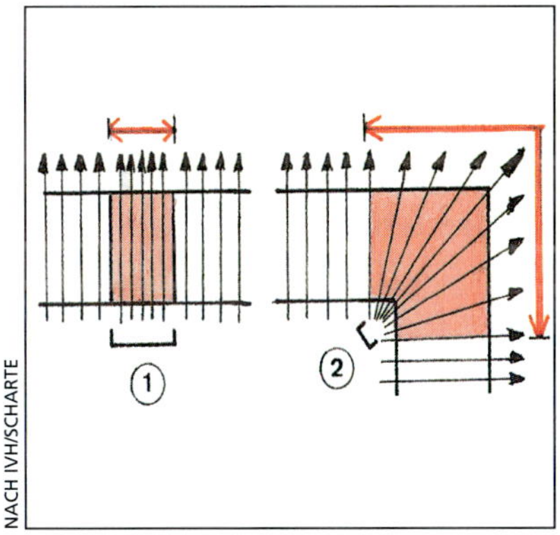


Zum Verständnis der Wärmebrücken: 1 stoffbedingte Wärmebrücke in der Wandfläche, die zu einem Bereich mit erhöhter Wärmestromdichte nach außen führt. 2 Geometrisch bedingte Wärmebrücke, wie sie an Außenwandecken vorkommt. Der schmalen, Wärme aufnehmenden Fläche innen steht eine Wärme abgebende Fläche in doppelter Wandstärke außen gegenüber.

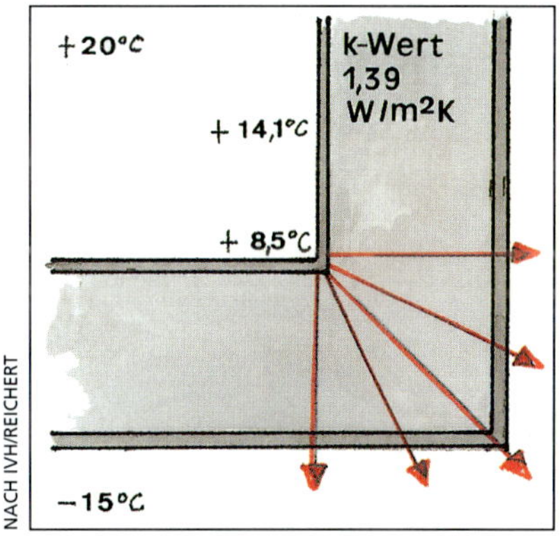


Die bauphysikalische Situation an einer Außenwandecke im Detail: bei Raumlufttemperatur von 20°C und Außentemperatur von -15°C beträgt hier die Temperatur an der inneren Wandoberfläche + 14,1°C, in der Raumecke mit ihrer großen Wärmestromdichte nach außen aber nur 8,5°C. Das führt meist zu Schäden.

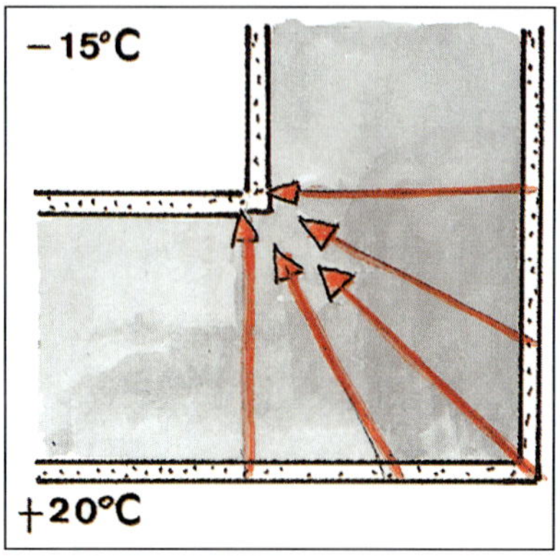


Hier die umgekehrte Situation an einer Innenecke: die Wärme aufnehmende Fläche ist doppelt so breit wie die Wandstärke, die Wärme abgebende Fläche dagegen nur ein Strich. Eine geometrische Wärmebrücke ergibt sich hier nicht.

NACH IVH/REICHERT

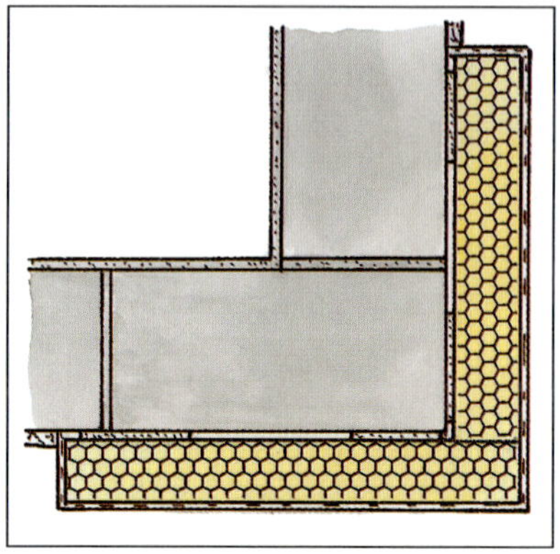

Ein Kompromiss, um geometrisch bedingte Wärmebrücken auszuschalten: Ecklisenen in Form von Streifen eines Wärmedämm-Verbundsystems.

den überprüfen und zumindest jene Schäden beseitigen, die das Raumklima beeinflussen können. Zumal eine ganze Reihe von Bauschäden ohne großen Aufwand zu sanieren und für die Zukunft zu verhindern ist. Anders steht es mit den sogenannten Wärmebrücken, deren Auswirkungen durch die Notwendigkeit, Energie zu sparen, besonders belastend geworden sind, zumal im Hinblick auf das Raumklima. Teils wurden auch die bauphysikalischen Vorgänge, die den Wärmebrücken zu Grunde liegen, durch zwingende bauliche Maßnahmen verschärft, teils sind sie erst durch solche notwendigen Maßnahmen überhaupt entstanden.

## Was versteht man unter Wärmebrücken?

**Wärmestrom zum kalten Bereich**

Der Begriff Kältebrücken, der manchmal auf sie angewandt wird, entspricht nicht dem Vorgang: nicht Kälte entweicht über die Materialien der Außenhülle, sondern Wärme, Raumwärme. Und damit ist auch schon die Definition angedeutet. Wärmebrücken sind Bereiche in Bauteilschichten, durch die ein größerer Wärmestrom vom warmen zum kalten Bereich hin fließt als in den Umgebungsflächen. Man spricht hier von stoffbedingten Wärmebrücken. Den Vorgang selbst versteht man schnell, wenn man zweierlei bedenkt: höhere Temperaturen suchen stets den Ausgleich mit umgebenden niedrigeren

## Hier überall können Wärmebrücken auftreten:

an der Außenwand im Wohngeschoss, in der Wandfläche oder in den Außenecken, auch, bei Innendämmung, wo Innenwände an die Außenwände stoßen, die Dämmung also unterbrochen wird, oder wo außen ungedämmte Betondecken der Außenwand aufliegen. Ferner: Außenwand Kellergeschoss, bei Beheizung. Lichtschachtanschluss, Kellerinnenwand, beheizt oder nicht beheizt, Fundamentbereich, Kellerdecke, Haussockel, Balkonplatte oder Vordach, Fensteröffnungen, Dachgesims, Decke zum unbeheizten Dachraum, Dachflächen bei ausgebautem Dachraum. Auch Fugen, wie sie bei nachlässiger Arbeit in der Außenwanddämmung entstehen können, führen zu Wärmebrücken.

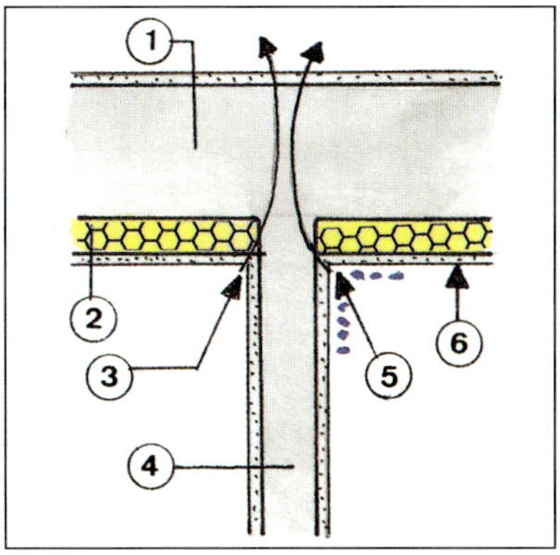


Bei der Innendämmung können Wärmebrücken dort entstehen, wo Innenwände, Querwände, auf die Außenwände stoßen und die Dämmung unterbrochen ist. 1 Außenwand, 2 Innendämmung, 3 Temperaturabsenkung in der Raumecke auf 6-7°, 4 Querwand, 5 Kondenswasser, 6 Wandtemperatur auf 17° abgesunken.

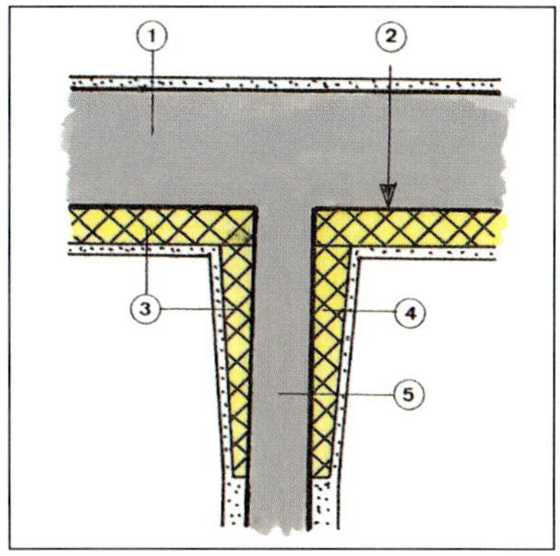


Eine Möglichkeit, Wärmebrücken, wie sie durch Querwände bei Innendämmung entstehen, zu vermindern: durch Dämmung mit zusätzlichen Dämmstoffkeilen an Wänden und Decken. 1 Außenwand, 2 Frost +/- 0°C, 3 Innendämmung, 4 Dämmstoffkeil, 5 Querwand.

Temperaturen, nicht umgekehrt. Wärmeenergie aus beheizten Räumen fließt durch Wand oder Fenster, durch die Außenhülle, zur kalten Außenluft. Und die zweite Tatsache: jeder Stoff hat eine bestimmte Wärmeleitfähigkeit, die ihn von anderen Materialien unterscheidet. Ein Beispiel: die Fensteröffnung in einer Wand aus Baumaterial geringer Wärmeleitfähigkeit wird mit Steinen großer Wärmeleitfähigkeit zugemauert. Der

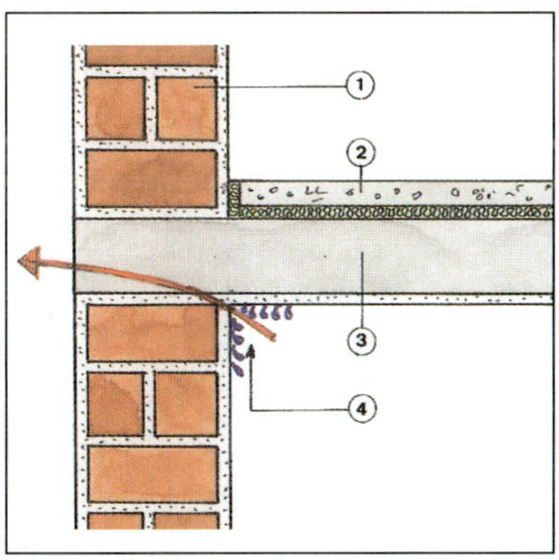


Wärmebrücken mit Kondenswasserbildung ergeben sich auch dort, wo z.B. Stahlbetondecken mit äußerem Sichtbetongurt dem Außenmauerwerk aufliegen. 1 Außenwand, 2 schwimmender Estrich, 3 Geschoßdecke, 4 Wärmebrücke. Die Feuchtigkeit führt zu Schimmelbildung.

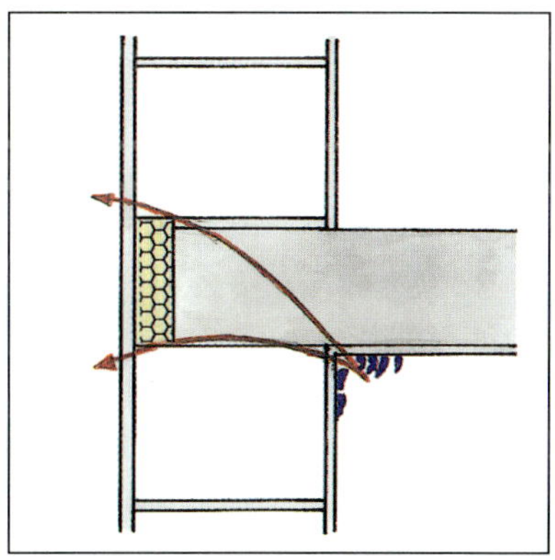


Um lästige Wärmebrücken im Bereich der Deckenauflager auszuschließen, greift man häufig zu dieser Lösung. Die eingezeichnete Dämmung kann aber den Wärmestrom nur teilweise verhindern, es kommt nach wie vor zu Auskühlungen und Kondenswasser.

NACH IVH/REICHERT

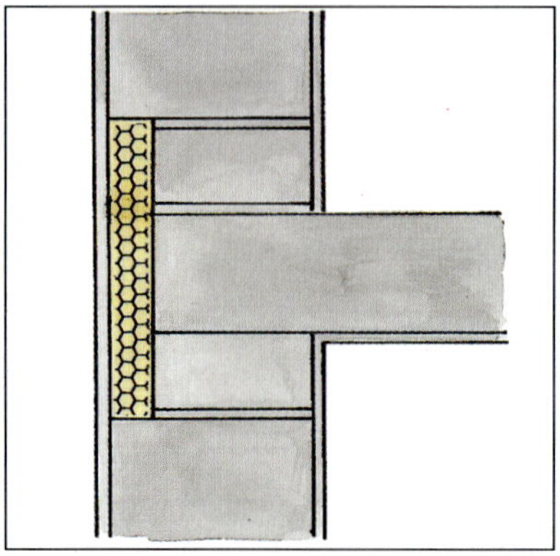

Um den Wärmestrom im Bereich des Deckenauflagers wirkungsvoll zu unterbinden, müssen die Wärmedämmplatten nach unten und oben über die Dicke der Deckenplatte hinausreichen.

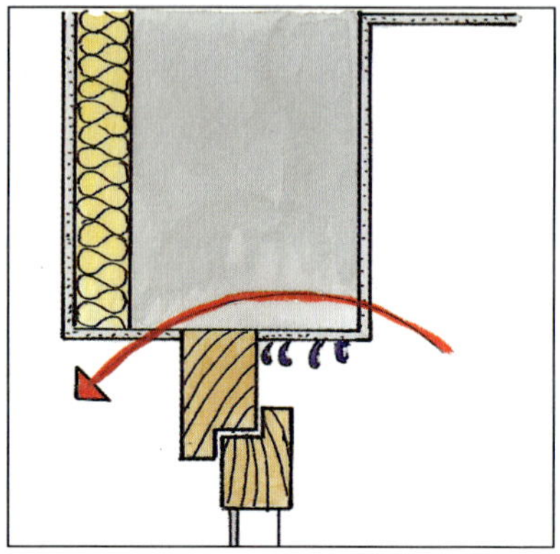

Fehler in den Anschlüssen der Außendämmung führen vor allem im Leibungsbereich der Fenster zu Wärmebrücken und zu Durchfeuchtung.

Wärmestrom durch die Ausmauerung ist stärker als durch die umgebende Wand: so wird eine Ausmauerung zur Wärmebrücke und kann als Bauschaden wirken.

Nun ist noch eine wesentliche Unterscheidung zu treffen: beim geschilderten Fall, einer stoffbedingten Wärmebrücke, entspricht die Zimmerwärme aufnehmende Wandfläche innen genau der Wärme abgebenden Wandflächc außcn. Wie aber steht es damit an Außenwandecken? Dort ist die wärmeaufnehmende Fläche nur ein Strich, nämlich die Innenecke, die von den aneinander stoßenden beiden Wandteilen gebildet

NACH DÖRKEN

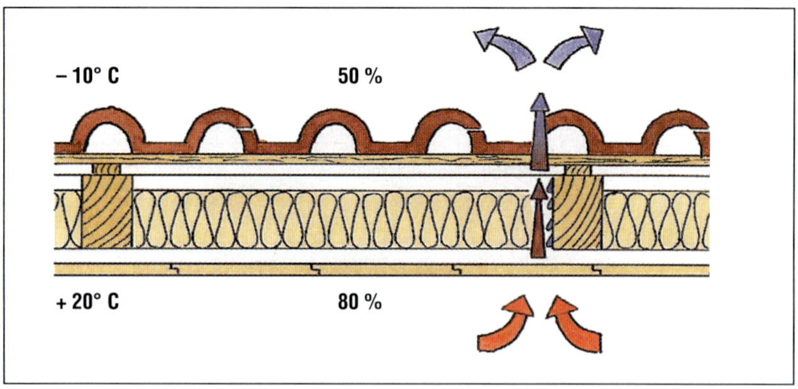


Wärmebrücken können auch unter dem Dach entstehen, wo warme, feuchtegesättigte Raumluft durch undichte Stellen der Luft-/Dampfsperre dringt und sich im Bereich der Wärmedämmung am Sparren als Wasser niederschlägt. Die Prozentzahlen betreffen die relative Luftfeuchtigkeit.

**Dadurch können Wärmebrücken das Raumklima beeinträchtigen**

- durch kalte innere Wandoberflächen,
- durch die Feuchte, die sich dort niederschlägt,
- durch Schimmelbildung, die durch Feuchte begünstigt wird,
- durch Feuchte, die in Dämmstoffe eindringt und die Dämmwirkung vermindert, mit weiteren Folgen.

**Geometrische Wärmebrücken**

wird. Die Wärme abgebende Fläche außen aber entspricht in der Breite der doppelten Wandstärke. Das hat Folgen. Mag die Innentemperatur auch +20°C betragen, unter bestimmten angenommenen anderen Werten, und die Temperatur an der Innenoberfläche der Außenwände dann +14,1°C: so senkt die Wärmebrücke, die sich in der Außenecke gebildet hat, die Temperatur dort auf +8,5°C, führt also zu einem beträchtlichen Unterschied zwischen Raumlufttemperatur und Temperatur in der Ecke und damit zu einer Situation, in der Wasserdampf der Raumluft kondensieren, sich als Wasser niederschlagen und die Wandecke durchfeuchten kann. Das bleibt nicht ohne Auswirkung auf die Bedingungen des Raumklimas. Man nennt solche Wärmebrücken geometrische Wärmebrücken, zum Unterschied von den stoffbedingten Wärmebrücken.

# Fachgerechte Wärmedämmung

**Ausreichende Oberflächentemperatur**

An ausreichend wärmegedämmten Außenwänden fehlt es bei über 20 Millionen Altbauwohnungen allein in Deutschland. Wohnungen, bei denen auch das Raumklima mehr oder minder beeinträchtigt ist. Denn nur ausreichende Wärmedämmung kann gewährleisten, dass die Oberflächentemperatur auf der Innenseite der Außenwände nahe bei der Raumlufttemperatur liegt, kalte Wandflächen also vermieden sind. Die Wärmedämmung von Außenwänden bestehender Häuser nachträglich zu verbessern, gibt es mehrere Systeme:

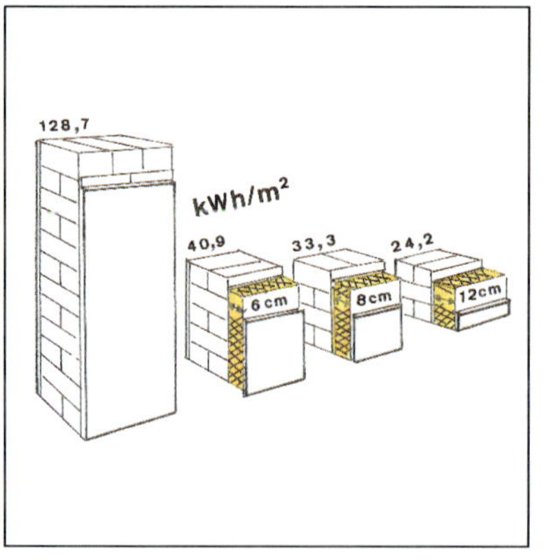


IVH

Wärmedämmung der Außenwände, hier an einem Wärmedämm-Verbundsystem mit Styropor aufgezeigt, kann je nach Dämmstoffdicke die Heizenergieverluste beträchtlich verringern. Die Grafik zeigt die Heizenergieverluste in Kilowattstunden/m² Wandfläche einer 24 cm dicken Wand. Eine 12 cm dicke Dämmschicht reduziert die Verluste um knapp 50% gegenüber Außenwänden mit einer Dämmstoffdicke von 6 cm.

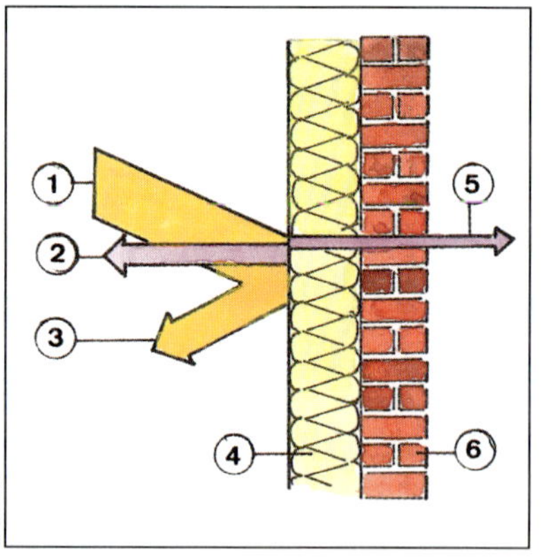


CAPATECT

Die Wärmeströme bei einer Außenwand mit konventioneller Dämmung wie dem Wärmedämm-Verbundsystem machen deutlich, dass selbst an Tagen mit hoher Sonneneinstrahlung keine ins Gewicht fallenden solaren Wärmegewinne zu erzielen sind, da die Putzoberfläche einen Teil des Sonnenlichtes reflektiert und die Dämmung wegen ihrer guten Dämmeigenschaften einen nutzbaren Wärmegewinn zum Raum hin unterdrückt. 1 Sonneneinstrahlung, 2 Wärmeverlust, 3 Reflektion, 4 konventionelle Dämmung, 5 Wärmegewinn, 6 Mauerwerk.

## Die Wärmedämm-Verbundsysteme (WDVS)

**Überdecken Wärmebrücken und Putzschäden**

Diese Dämmsysteme haben sich seit 40 Jahren bewährt. Sie bestehen aus Bauteilschichten und Zubehör, die aufeinander abgestimmt sind. Da fachgerechte Verarbeitung Voraussetzung für die lange Nutzungsdauer eines Systems ist, sind für die einzelnen Arbeitsgänge nicht nur die gesetzlichen Vorschriften und die Regeln der Handwerkstechnik sorgfältig zu beachten. Auch die jeweiligen Verarbeitungsrichtlinien der einzelnen Systemhersteller sind für das Gelingen der Arbeit und die Gewährleistung der Funktion von Bedeutung. Dämmen mit Wärmedämm-Verbundsystemen heißt Außendämmung. Sie hüllt den Baukörper ein, und erfüllt damit eine der Voraussetzungen eines günstigen Raumklimas. Doch bieten sie nicht nur darin Nutzen. Die Dämmschichten überdecken auch die lästigen Wärmebrücken bei Außenwänden und machen sie wirkungslos. Die Putzschicht vieler Außenwände zeigt Risse, durch die Feuchtigkeit eindringen und Frostschäden verursachen kann. Wärmedämm-Verbundsysteme überdecken diese Risse und verhindern Folgeschäden.

**Aufbau der Dämmsysteme**

Auch verhindern sie Temperaturschwankungen im Mauerwerk, die im Winter zu Zugerscheinungen führen und das Raumklima stören können: sie stabilisieren also die innere Wandoberflächentemperatur.

Kernstück des Systems ist die Wärmedämmschicht, in der Regel Styropor oder Mineralwolle. Die Dämmschicht wird auf dem Außenmauerwerk, meist auf dem Außenputz, dessen Zustand und Tragfähigkeit überprüft wurde, mit Kleber verklebt

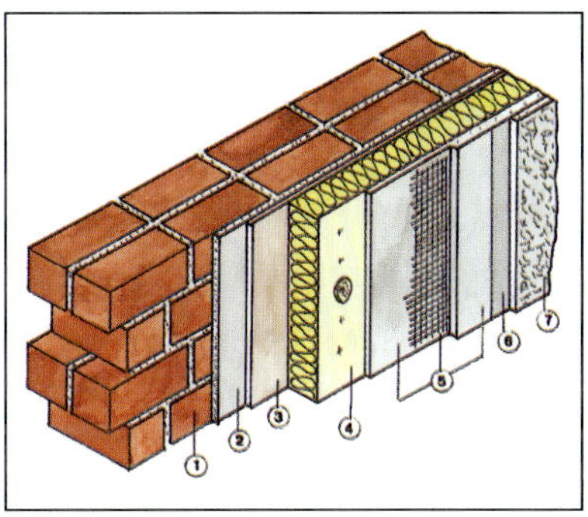


STO

Dies sind die Bauteilschichten eines Wärmedämm-Verbundsystems: 1 Außenmauerwerk, 2 tragfähige Schichten wie Putz, Anstrich, 3 Verklebung, 4 Styropor-Dämmung mit zusätzlicher Befestigung, 5 Armierungsputz mit eingelegtem Glasfasergewebe, 6 Voranstrich, falls nötig, 7 Schlussbeschichtung, Putz.

und, wo nötig, zusätzlich mit Dübeln im Mauerwerk verankert oder insgesamt durch Schienen befestigt. Darüber wird ein Armierungsputz aufgezogen und Glasfasergewebe eingelegt. Als Endbeschichtung werden Dekorputze oder geglättete Putze mit Anstrich verwendet. Die alte Handwerksregel, dass ein Produkt zuletzt nur so gut sein kann wie seine Verarbeitung, gilt hier, bei den hohen Anforderungen durch die Witterung, in besonderem Maß.

**Auf die Verarbeitung kommt es an**

Die Gefahr von Produkt- und Systemfehlern lässt sich von vornherein verhindern, wenn nur unter den Wärmedämm-Verbundsystemen erfahrener Hersteller gewählt wird. Solche Hersteller werden dem Planer selbst für schwierige Details ausgereifte und erprobte Lösungen vorschlagen können. Die Verarbeitung selber muß qualifizierten Fachunternehmen überlassen bleiben. Unkenntnis auch unwichtig erscheinender Details kann zu kostspieligen Schäden führen. Anschlüsse von Dämmschichten an andere Bauteile sind stets besonders sorgfältig auszuführen. Es darf dort, besonders an Regen beaufschlagten Flächen weder Feuchtigkeit eindringen, noch eine Wärmebrücke entstehen.

**Dichte Anschlüsse gefordert**

Um schlagregendichte Anschlüsse zu erreichen, sind konstruktive Maßnahmen nötig, z.B. vorkomprimierte Fugendichtbänder, elastische Fugenmasse oder Anputzleisten. Solche Anschlüsse sind besonders im Fensterbereich, beim Fenstersturz, bei der Fensterbank und in Fensterlaibungen wichtig. Doch auch an Steildächern, z.B. an der Traufe, am Ortgang, also dem Dachrand, an Gauben oder an Terrassen- und Balkonböden.

Nachträgliche, fachgerechte Wärmedämmung, das ist schon nach diesen wenigen Hinweisen deutlich, trägt zur Werterhaltung des Hauses bei, doch kann, wer will, noch ein weiteres Ziel erreichen: die Neugestaltung der Fassade. Wärmedämm-Verbundsysteme bieten dazu eine wirtschaftliche Gelegenheit. Sie gestatten, Fassaden neu zu gliedern, Fassaden, deren Aussehen nicht befriedigte, zu verbessern oder in Zusammenarbeit mit einem erfahrenen Fachmann ihr ursprüngliches Erscheinungsbild weitgehend wieder herzustellen.

## Fassaden-Gestaltung

Diese Neugestaltung kann auch eine neue Farbgebung einschließen. Profilelemente, die es in modernen bis zeitlosen Formen gibt oder als stilgerechte Nachbildung historischer Profile und Reliefs, können vieles wieder herstellen.

Seit einigen Jahren ist mit dem Wärmedämm-Verbundsystem ein spezielles System zu kombinieren, das den Heizwärmebedarf eines Hauses senken und Energie einsparen kann:

Fachgerechte Anschlüsse sind bei den Wärmedämm-Verbundsystemen wichtig. Hier Anschluss am Ortgang: 1 Dachsparren, 2 Dachlattung, 3 Dachpfannen, 4 zusätzliches Aluminium-Ortgangprofil, 5 Fassadendämmplatte, 6 Armierungsschicht mit Armierungsgewebe, 7 Zwischenanstrich, falls nötig, 8 Strukturputz, 9 Fugendichtband.

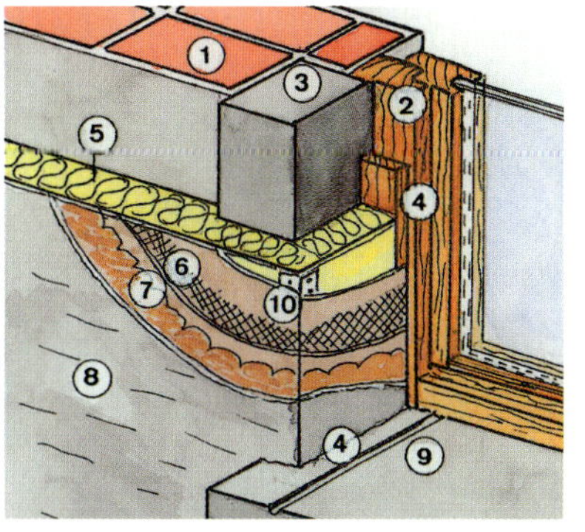


Anschluss der Dämmschicht in einer Altbau-Fensterlaibung. 1 Außenwand, 2 Fensterrahmen, 3 vorhandene Steingewände, 4 Fugendichtband, 5 Fassaden-Dämmplatte, 6 Armierungsschicht mit Armierungsgewebe, 7 Zwischenanstrich, falls nötig, 8 Strukturputz, 9 Wasserablauf gegebenenfalls einzuschneiden, 10 Eckschutz.

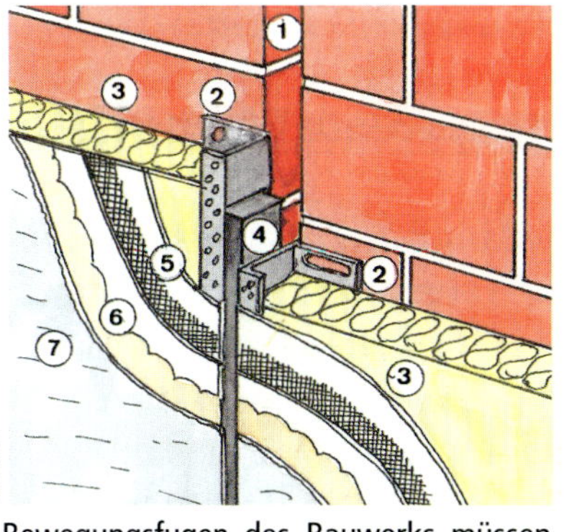


Bewegungsfugen des Bauwerks müssen im Wärmeschutz-Verbundsystem fortgeführt werden. 1 Vorhandene Bewegungsfuge im Wandbaustoff, 2 Fugen-Fertigteilprofil, 3 Dämmplatte, 4 Fugendichtband, 5 Armierungsschicht mit Armierungsgewebe, 6 Zwischenanstrich, 7 Strukturputz.

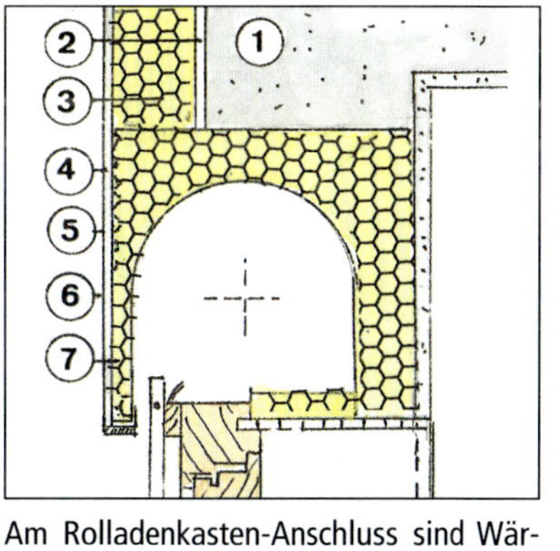


Am Rolladenkasten-Anschluss sind Wärmebrücken durch Fugen zwischen den Dämmschichten zu vermeiden: 1 Fenstersturz, 2 Klebemörtel, 3 Dämmplatte, 4 Armierungsschicht, 5 Armierungsgewebe, 6 Schlussbeschichtung, 7 Rolladenkasten-Fertigteil.

FACHVERBAND WÄRMEDÄMM-VERBUNDSYSTEME

Wärmedämm-Verbundsysteme bieten hinsichtlich Fassadengestalt und Farbe viele Möglichkeiten.

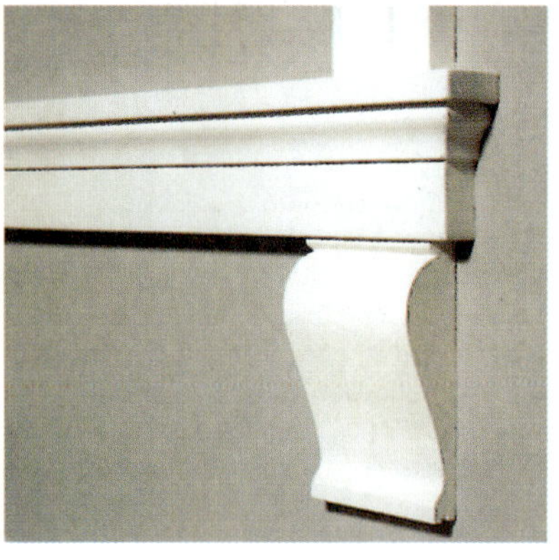

STO

Mit Deko-Profilen aus Altglas lassen sich Fassaden originalgetreu auch auf Wärmedämm-Verbundsystemen wieder herstellen oder neu gestalten.

## Die transparente Wärmedämmung

Wärmedämm-Verbundsysteme vermindern die sogenannten Transmissionswärmeverluste durch die Außenwand. Der Verbrauch an Primärenergie lässt sich aber durch die passive Nutzung der Solarenergie an der Fassade noch weiter senken: indem man das Wärmedämm-Verbundsystem, meist auf Teilflächen von Südfassaden, mit transparenter Wärmedämmung (TWD) kombiniert. Die Ausrichtung nach Süden ist nötig, da nur hier in der kalten Jahreszeit mit solaren Wärmegewinnen zu rechnen ist. Die Beschränkung auf Teilflächen dagegen verhindert die unerwünschten Wärmeüberschüsse, die bei großen Flächen in den Übergangszeiten anfallen würden. Höchstens 10 bis 30% der Gesamtfläche des Wärmedämm-Verbundsystems sollte die transparente Wärmedämmung in Form von einer oder mehrerer Aussparungen einnehmen.

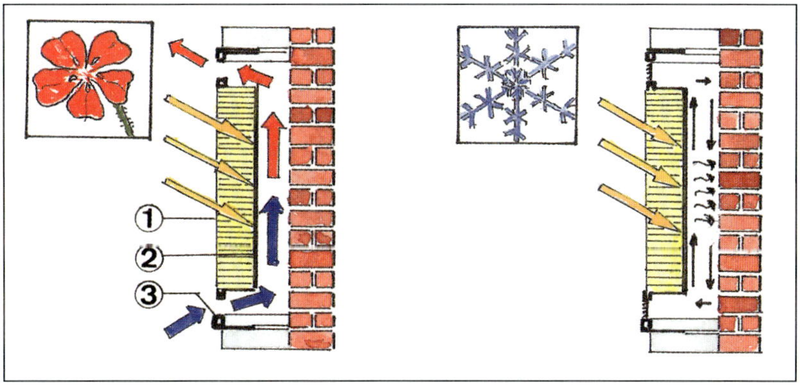


CAPATECT

So funktioniert die transparente Wärmedämmung: im Sommer werden die speziellen Dämmplatten mit Kapillarstruktrur hinterlüftet, um die unerwünschte Wärme abzuführen, im Winter sind die Lüftungselemente geschlossen, so dass die hinter der Spezialdämmschicht durch die Absorberfläche entstandene Wärme wie gewünscht genutzt werden kann. 1 Transparente Wärmedämmung, 2 Absorber, 3 Lüftungselement.

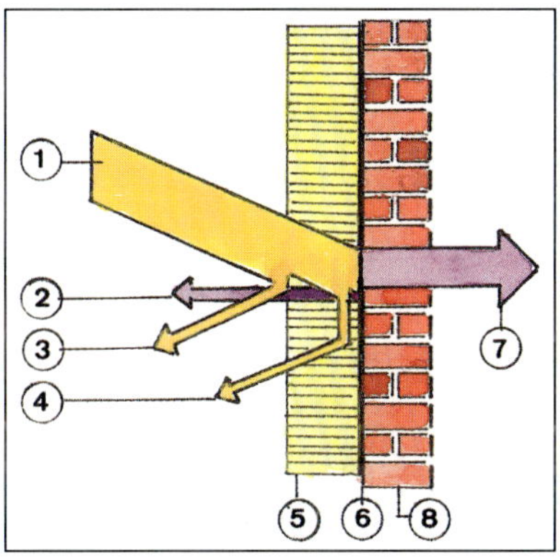


CAPATECT

Die Wärmeströme bei einer Außenwand mit transparenter Wärmedämmung, die zu solaren Wärmegewinnen führt. Die Sonneneinstrahlung trifft dabei durch einen transparenten Wärmedämmstoff auf eine schwarze Absorberfläche, die Energie aus dem Sonnenlicht in Wärme umwandelt. Die solare Wärme wird hinter dem transparenten Dämmstoff eingefangen, der auch verhindert, dass die Wärme zur Außenluft hin wieder verloren geht. 1 Sonneneinstrahlung, 2 Wärmeverlust, 3 Reflektion, 4 Rückstreuung, 5 transparente Wärmedämmung, 6 Absorberschicht, 7 Wärmegewinn nach innen, 8 Mauerwerk.

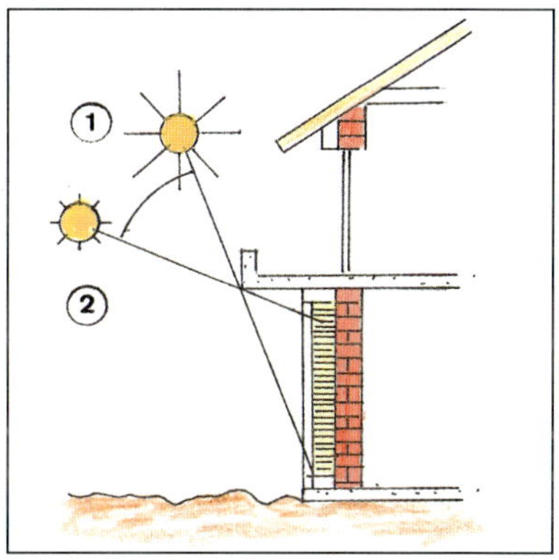


CAPATECT

Um eine Überwärmung der Außenwand durch die transparente Wärmedämmung zu verhindern, gibt es als Möglichkeit Hinterlüftung, Verschattungseinrichtungen und die geometrische Verschattung, bei der durch Balkon- oder Dachüberstände ein übermäßiger Wärmeeintrag in das Gebäude außerhalb der Heizperiode reduziert werden kann. Bei südlich orientierten Fassadenflächen ist im Sommer wegen des Einfallswinkels des Sonnenlichts der Schattenwurf des Überstandes besonders groß. 1 Sonnenstand im Sommer, 2 im Winter.

**Nutzt Solarenergie**

Eine solche passive Nutzung der Solarenergie ist nur an Außenwänden sinnvoll, die an wärmebedürftige Räume grenzen, also z.B. an Wohnräume. Schlafräume sind dafür nicht geeignet. Wie funktioniert eine transparente Wärmedämmung? Grundsätzlich: das wie ein Fenster in die Aussparung des Wärmedämm-Verbundsystems gesetzte Element der transparenten Wärmedämmung besteht aus lichtdurchlässigen, mechanisch widerstandsfähigen Dämmplatten mit Kapillarstruktur, vergleichbar mit gestapelten, durchsichtigen Trinkröhrchen. Sie bestehen meist aus Kunststoffen oder Glas. Wandseitig ist eine schwarze Absorberschicht aufgebracht. Durch diese transparenten Dämmelemente, die es in unterschiedlichen Dicken gibt, trifft die Sonnenstrahlung auf die schwarze Absorberschicht. Diese erwärmt sich und gibt die Wärme an die dahinterliegenden Außenwände ab, die sie speichern. Die Röhrchen sorgen dafür, dass die einmal entstandene und gespeicherte Wärme nicht wieder an die Außenluft zurückströmt. Die von den Wandbildnern, also dem Mauerwerk, gespeicherte Wärme wird mit einer Verzögerung von ca. 4 bis 6 Stunden nach innen an die Räume abgegeben. Das bedeutet: in den frühen Abendstunden, wenn Wärme im Raum erwünscht ist, wirkt die Wand als Flächenheizung. Mehrere Stunden lang.

**Wirkt als Flächenheizung**

Um Überhitzung in den Übergangszeiten oder im Sommer zu vermeiden, kann, je nach System, auch Sonnenschutz nötig sein, z.B. durch die sogenannte geometrische Verschattung, wie sie bei hohem Sonnenstand im Sommer Balkone und Dachüberstände bewirken können. Auch Verschattungsein-

CAPATECT

Die Elemente der transparenten Wärmedämmung, die auf Teilflächen innerhalb der Wärmedämm-Verbundsysteme installiert werden, lassen sich auch zur Gliederung der Fassadenfläche einsetzen.

richtungen, Rollos, Jalousien oder Markisen können unerwünschte Sonneneinstrahlung verhindern. Eine dritte Methode ist die Hinterlüftung. Ein Hinterlüftungsspalt, der durch Be- und Entlüftungselemente zur Außenluft hin geöffnet werden kann, trennt die transparenten Dämmelemente vom Mauerwerk. Die Wärmeströme lassen sich so steuern. Bei einem System, das ohne mechanische Abschattungen auskommt, ist die Deckbeschichtung, ein Glasputz, zur Steuerung eingesetzt: diese Deckschicht reflektiert einen Teil der auftreffenden Sonneneinstrahlung, je nach Einfallswinkel. Im Sommer mehr als im Winter. Das System lässt sich durchaus zur Gestaltung der Fassade nutzen.

## Vorgehängte Fassaden

**Damit die Planung sicher wird**

Auch wenn in der Regel Wärmedämmung und Bekleidung von Wohnhäusern nicht mehr genehmigt werden muss, empfiehlt es sich, mit dem zuständigen Bauamt zu sprechen. Es könnten nämlich durchaus irgendwelche rechtliche Auflagen oder andere baurechtliche Belange durch die geplante Dämmung oder Bekleidung berührt werden. Das Gespräch bewahrt vor Verzögerungen.

Die schützende Verkleidung von Außenwänden mit kleinteiligen Platten, z.B. Holzschindeln, gibt es seit Jahrhunderten. Vor allem an den Wetterseiten und in ländlichen Gegenden. Die Vorteile, die für dieses System sprechen, fallen auch heute noch ins Gewicht, vermehrt um die Möglichkeit einer wirkungsvollen Wärmedämmung. Allem voran steht der bauphysikalische und bautechnische Nutzen, da die Bauteilschichten bei der vorgehängten, wärmegedämmten Fassade jeweils nur eine Aufgabe, eine Funktion zu erfüllen haben. Die vorhandenen Außenwände, ob Massivwand oder Fachwerk, können ihre tragende Funktion unbeeinträchtigt von der Witterung, die vielerlei Schäden verursachen kann, voll erfüllen. Die Wärmedämmschicht, die auf ihr befestigt ist, vermindert die belastenden Temperaturunterschiede zwischen Sommer und Winter, die auf einer Tragekonstruktion vorgehängten Fassadenplatten halten Regen und Schnee ab. Feuchtigkeit, die von außen oder als Bau- und Wohnfeuchte von innen in die Wand dringt, wird durch die Hinterlüftungsschicht zwischen Fassadenplatten und Wärmedämmung abgeführt. Hinzu kommen als Pluspunkte die einfache Montage, die günstigen Kosten und die Möglichkeit, die Fassadenbekleidung als handwerklich geschickter Laie auch selbst anbringen zu können. Fassadenschindeln gibt es heute in verschiedenen Materialien. Ihre unterschiedlichen Formate, Farbtöne, Deckungsarten, Deckrichtungen und Überdeckungen bieten der Gestaltung

Fassadenschindeln aus Faserzement bieten als Bekleidung einer vorgehängten Fassaden-Konstruktion viele reizvolle Möglichkeiten. Kleine Plattenformate lassen sich dabei der Architektur älterer Häuser vorteilhafter anpassen.

ETERNIT

Hier wurde ein schlichtes, völlig reizloses Siedlungshaus aus den fünfziger Jahren durch wärmegedämmte, vorgehängte Holzbekleidung zu einem behaglich wirkenden Einfammilienhaus.

AG HOLZ

**Helfer bei der Finanzierung**

Für nachträgliche Wärmedämmung bestehender Häuser gibt es von Zeit zu Zeit Förderungs-Programme des Bundes und der Länder. Es empfiehlt sich also, rechtzeitig bei den zuständigen Verwaltungen oder Kreditinstituten anzufragen.

weiten Raum. Es ist zu entscheiden, ob das gesamte Haus bekleidet werden soll oder ob man sich auf eine stark bewitterte Hausseite beschränkt.

## Kleine Plattenformate sind vorteilhaft

Als gestalterisch reizvolle Lösung hat sich bewährt, z.B. die beiden oberen Giebelflächen und die oberen Hälften der Längswände so zu bekleiden, dass die vorgehängte Fassade in Form einer Kappe über das Haus gezogen wirkt. Architektonisch unbefriedigende alte Häuser lassen sich so in ihrer optischen Wirkung neu gestalten. Grundsätzlich sollte man für Wohnhäuser kleine Plattenformate wählen, die sich an die Architekturgestalt der Häuser bis hin zu Details besser anpassen lassen als großformatige Platten. Sie gestatten auch, nicht nur individuellen Vorstellungen entgegen zu kommen, sondern auch regionalen Eigenarten zu entsprechen. Kleinformatige Fassadenschindeln vertreiben auch von großflächigen Fassaden die Monotonie, zumal die Verlegebilder hier gliedernden Strukturen, z.B. durch farblich unterschiedene Begrenzungen oder Bänder, ein weites Feld eröffnen.

Die Konstruktion der vorgehängten Fassaden ist im Prinzip einfach: auf die bestehende Altbauwand wird, aus Metallprofilen oder aus Holzlatten, die durch Holzschutzmittel gegen

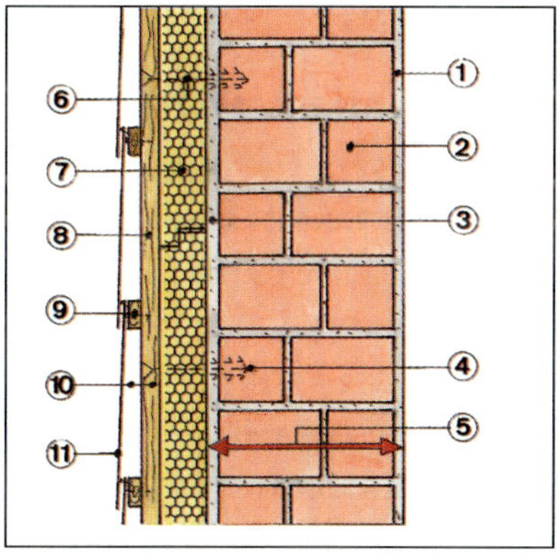


IVH

Querschnitt einer vorgehängten Fassade mit hinerlüfteter, lückenlos verlegter Wärmedämmung aus Styropor. 1 Innenputz, 2 Mauerwerk, 3 Außenputz, 4 Dübel, 5 Mauerwerk des Altbaus, 6 Anker, 7 Styropor-Fassadendämmplatte, 8 Grundlatte, 9 Traglatte, 10 Luftschicht im Bereich der Grund- und Traglatten, 11 Bekleidung mit Faserzementplatten.

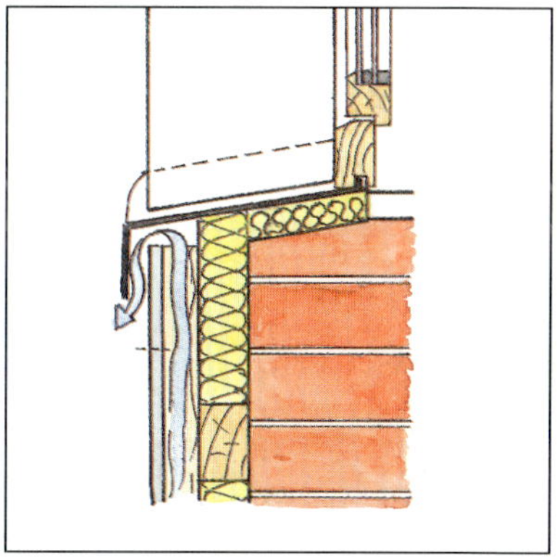

ETERNIT

Entscheidend bei vorgehängten Fassaden ist die funktionierende Hinterlüftung der Bekleidung, hier aus Faserzementplatten. Der Hinterlüftungsraum gewährleistet, dass eventuell eingedrungene Feuchtigkeit sicher abgeführt wird.

Schädlingsbefall imprägniert wurden, eine senkrechte Grundlattung und darüber eine waagrechte Traglattung befestigt. Zwischen der senkrechten Grundlattung ist dann Raum für die Dämmplatten. Doch muss darauf geachtet werden, dass die Grundlattung so dimensioniert ist, dass ausreichend Hinterlüftungsraum zwischen der Traglattung und der Oberfläche der Wärmedämmung erhalten bleibt. Auf den waagrechten Traglatten werden dann die jeweiligen Fassadenschindeln schuppenartig befestigt. Eine Alternative bietet die lückenlos auf der Wand befestigte Wärmedämmschicht, auf der die Grundlattung geführt ist. Durch die Dämmung hindurch ist sie im Mauerwerk verankert. Für die Fassadenbekleidung werden heute meist Schindeln aus Faserzement eingesetzt, die es in über zwanzig Formaten gibt, die zudem miteinander kombiniert werden können. Auch an Farben ist kein Mangel: mit 127 Fassadenfarben, denen 14 Dachfarben zugeordnet sind, um die Farbgestalt des Hauses harmonisieren zu können, ist eine nuancenreiche Bekleidung möglich.

**Wahl unter vielen Farben**

Die Farbtöne sind zudem in fünf Farbfamilien gegliedert, abgestuft nach Helligkeit und Intensität. Doch sind als Bekleidungsmaterial auch Hölzer in unterschiedlichsten Breiten und Bearbeitungen angeboten, ferner Holzschindeln, Natur-Schiefer oder Dachziegel.

## Ausweg Innendämmung

Wo Fassaden erhalten bleiben sollen, an denkmalgeschätzten Häusern z.B. oder wenn Stuck die Wandflächen gliedert, dann ist Innendämmung die einzige Möglichkeit. Sie benötigt kein Fassadengerüst, ist Raum für Raum auszuführen oder auf bestimmte Räume zu beschränken und kostet, alles in allem, weniger als die anderen nachträglichen Dämmsysteme. Doch bleibt sie ein Kompromiss, denn sie verändert das bauphysikalische Verhalten einer Außenwand von Grund auf, vor allem hinsichtlich der Temperatur und der Feuchtigkeit. So führt die nachträgliche Innendämmung im Winter verständlicherweise zu niedrigeren Temperaturen im Wandquerschnitt. Das bedeutet Frostgefahr für ungedämmte Kaltwasserrohre in der Außenwand und auf deren Innenseite. Bei den Dämmarbeiten

ROCKWOOL

Außer Verbundplatten eignen sich für die Innendämmung auch Vorsatzschalen, bestehend aus einer Unterkonstruktion aus Holzlatten und Wärmedämmstoff. Eine PE-Folie dient als Dampfsperre unter der Gipskartonplatten-Bekleidung.

ist sorgfältig darauf zu achten, dass es nicht zur Hinterströmung der Dämmschicht durch die feuchte, warme Raumluft kommt.

## Durchfeuchtung droht

Denn die niedrigen Außenwandtemperaturen in der kalten Jahreszeit lassen die eingedrungene warme Raumluft kondensieren, ihre Feuchtigkeit schlägt sich an der Wandinnenseite als Wasser nieder. Eine luftundurchlässige Schicht auf der warmen Raumseite ist also nötig, um diese Gefahr zu bannen: entweder in Form von verspachtelten und an den Anschlüssen abgedichteten Gipskarton- oder Gipsfaserplatten der Innenbekleidung bzw. durch überlappte und verklebte PE-Folien zwischen Dämmung und Verkleidung. Wählt man solche Folien, um die Luftundurchlässigkeit zu erzielen, dann wirken sie auch gleichzeitig als Dampfbremse gegen die Wasserdampfdiffusion. Also gegen die Feuchte in Form von Wasserdampf, die durch Bauteile hindurch geht. Die Menge ist gering, kann aber, wird sie nicht am Durchgang gehindert, im Wandquer-

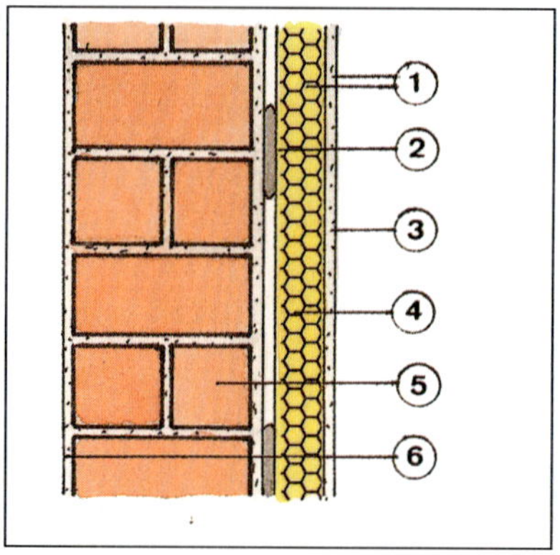

IVH/SCHARTE

Schichtaufbau einer Innendämmung: 1 Verbundplatte aus Styropor mit Gipskartonplatte, 2 Klebemörtel, 3 Gipskartonplatte, 4 Dämmstoff Styropor, 5 Mauerwerk, 6 Außenputz. Quelle: nach IVH/Scharte

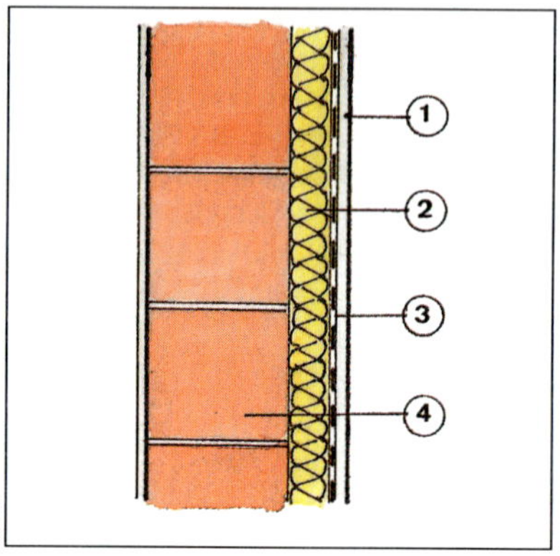

ISOVER

Schichtaufbau einer Innendämmung aus Mineralwolle, als Vorsatzschale ausgeführt: 1 Gipskartonplatte, 2 Mineralwolle 80 mm, 3 Dampfsperre, 4 Außenwand. Quelle: nach Isover

schnitt zu Tauwasserschäden führen. Beim Einsatz von Styropor als Dämmstoff ist unter üblichen raumklimatischen Bedingungen eine Ausführung ohne Dampfsperre bei den meisten Wandkonstruktionen möglich, weil bei diesem Baustoff der Wasserdampf-Diffusionswiderstand sehr günstig hinsichtlich der dampfsperrenden Wirkung liegt. Bei diffusionsoffenen Dämmstoffen wie z.B. Mineralwolle und innenseitiger Dampfsperre können sowohl Mängel in der Ausführung wie auch nachträgliche Beschädigungen der Dampfsperre und auch ungenügend abgedichtete Anschlüsse zu Durchfeuchtungsschäden der Wand führen. Von den Eigenschaften der Außenwände, die zu einem günstigen Raumklima beitragen, geht natürlich die Wärmespeicherfähigkeit durch Innendämmung verloren. Doch wird dieser Verlust durch die Tatsache

**Dampfsperre beachten**

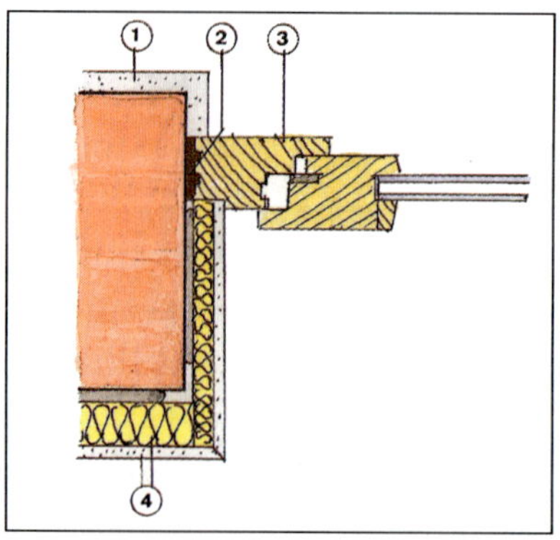

KNAUF

Um Wärmebrücken zu vermeiden, müssen auch die Fensterlaibungen gedämmt werden. 1 Außenputz, 2 Abdichtung mit PU-Schaum, 3 Fensterrahmen, 4 Verbundplatte aus Gipskartonplatte und Dämmstoff.

gemildert, dass die Außenwände nur etwa 20% der raumumschließenden Wände ausmachen und der Rest, die Innenwände, je nach Material, ihre Speicherfähigkeit bewahren. Die Feuchtigkeitssorption, also das Vermögen, Feuchtigkeit kurzzeitig zu speichern und sie wieder abzugeben, eine Eigenschaft, die auf die Raumluftfeuchte ausgleichend wirkt, bleibt insofern erhalten, als die Gipsbauplatten, die in der Regel als Bekleidung der Dämmschichten nach innen eingesetzt werden, in hohem Maße Feuchtigkeit aufnehmen und abgeben können.

**Vorsatzschalen oder Verbundplatten?**

Als nachträgliche Innendämmung werden in der Regel entweder Vorsatzschalen oder Verbundplatten eingesetzt. Bei den Vorsatzschalen steht eine Metallkonstruktion frei vor der Außenwand, in etwa 20 mm Abstand. Dünne Schallschutzplatten, zwischen Wand und Unterkonstruktion eingeschoben, verhindern Schallbrücken. Zwischen Metallprofilen sind Mineralwolle-Dämmplatten eingeklemmt, mindestens 50 mm dick. Die Konstruktion wird nur an Decke und Boden befestigt und hat zur Wand selbst keine Verbindung. Vorsatzschalen dagegen bestehen aus einer Gipsbauplatte mit aufkaschiertem Dämmstoff und werden direkt auf die Wand fugendicht aufgeklebt. So wirkungsvoll Innendämmung vorhandene Wärmebrücken in der Wandfläche beseitigen kann: so groß ist die Gefahr, dass sie Wärmebrücken-Effekte verstärkt, die vorher vernachlässigbar waren und, vor allem, dass durch die nachträglich innen aufgebrachten Dämmschichten neue Wärmebrücken mit allen ihren Folgen bis hin zur Durchfeuchtung und Schimmelbildung entstehen.

**Gefahr von Wärmebrücken**

Solche Wärmebrücken bilden sich dort, wo Innenwände an Außenwände stoßen oder außen ungedämmte Betondecken im Mauerwerk aufliegen. Die Folgen dieser Wärmebrücken sind zu mildern, wenn man den an die Außenwände anstoßenden Bereich der Innenwände in etwa 1 m Breite mit einer keilförmigen Dämmplatte ebenfalls dämmt und so auch an der Decke verführt. Ein Kompromiss, der ästhetisch natürlich oft nicht befriedigt. Diese konstruktiv bedingten Wärmebrücken sind es, die das Raumklima empfindlich stören können. Für die Entscheidung, ob Innendämmung oder nicht sollten sie ins Gewicht fallen.

# Wie Fenster und Raumklima zusammenhängen

Um die modernen Fenster, die Notwendigkeit ihrer konstruktiven Veränderungen gegenüber früher und ihren Nutzen verstehen zu können, müssen wir uns kurz verdeutlichen, wie die Funktionen sich wandelten. Dadurch wird auch die Bedeutung moderner Fenster für das Raumklima klar.

**Fugenlüftung ist zu begrenzen**

Die früheren Fenster besaßen, konstruktionsbedingt, zwischen Fensterrahmen und Fensterflügel mehr oder minder große Fugen mit hohen Fugendurchgangswerten. Es galt als normal, dass über 1 m Fensterfuge 5 $m^3$ Luft in einer Stunde transportiert wurden, also ein normales Fenster mit 5 m Fugenlänge pro Stunde bereits 25 $m^3$ Frischluft bescherte, bei jahresdurchschnittlichen Windgeschwindigkeiten von 4 m/sec. und durchschnittlichen Druckunterschieden zwischen außen und innen. Dergleichen hohe, unkontrollierte Lüftungswärmeverluste bedeuten nicht nur Energieverschwendung, sie stören auch das Raumklima und machen es durch Zugerscheinungen und Luftbewegungen unbehaglich. Moderne Fenster müssen deshalb Fugen besitzen, deren Durchgangswerte begrenzt sind.

## Heute wichtig: die innere Scheibentemperatur

Die Temperatur der einscheibigen Verglasung alter Fenster näherte sich im Winter der Außentemperatur. Die Verglasung stellte, bauphysikalisch gesehen, eine Wärmebrücke dar, durch die viel Raumwärme verloren ging. Ebenfalls unkontrolliert und unerwünscht. Außerdem kondensierte an der kalten Glasscheibe die warme, feuchte Raumluft, schlug sich also der Wasserdampf der Raumluft bewohnter Räume dort als Wasser nieder. Man musste das Schwitzwasser entweder abwischen, oder es lief an der Scheibe herunter, wurde in

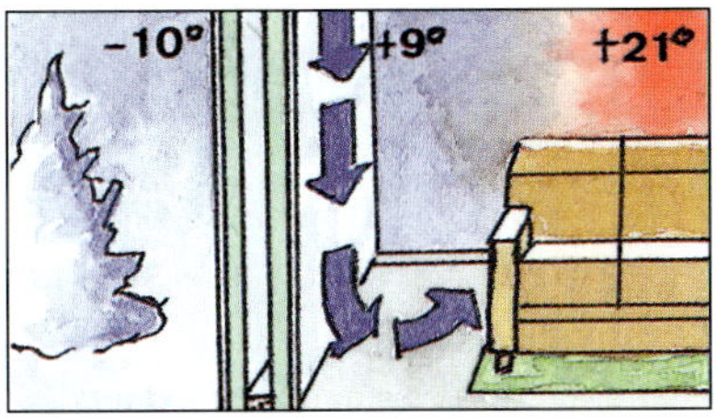


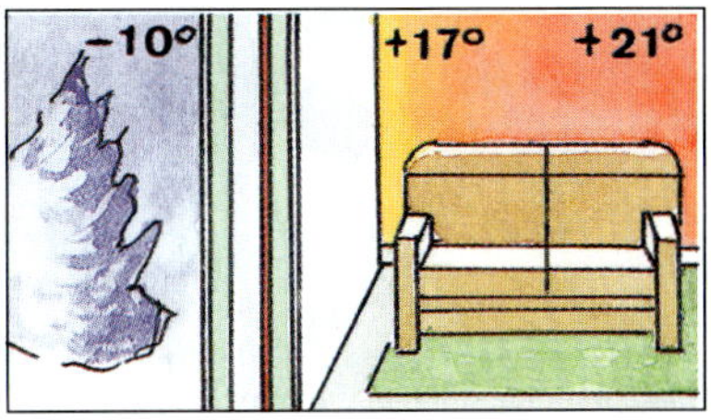


NACH INTERPANE

Deshalb ist die Wärmedämmung der Fenster für ein behagliches Raumklima wichtig: bei einer Außentemperatur von -10°C und einer Raumlufttemperatur von 21° beträgt bei geringer Wärmedämmung des Fensters die Scheibenoberflächentemperatur nur +9°, die Kältezone in Fensternähe macht den Aufenthalt unbehaglich (Bild links). Anders bei hochdämmenden Gläsern mit einer Wärmefunktionsschicht (rot eingezeichnet), die zu einer Scheibenoberflächentemperatur von +17° führt (Bild rechts). Die Zugeffekte sind verschwunden, der Platz am Fenster ist gemütlich warm wie der übrige Raum.

einer Schwitzwasserrinne aufgefangen und durch ein Bleiröhrchen nach außen geleitet.

**Schwitzwasser ist zu vermeiden**

Durch diese Kondensation, also Niederschlag der Raumluft als Wasser, wurde verständlicherweise der Feuchtegehalt der Raumluft, wie er durch Wohn- und Lebensvorgänge entsteht, mehr oder minder stark reduziert. Das war durchaus günstig. Doch die Notwendigkeit, heute den unkontrollierten Wärmeverlust der Einfach-Scheibenfenster weitgehend zu verhindern, also Fenster mit Warmgläsern oder Wärmefunktionsgläsern mit hoher Wärmedämmung einzubauen, verhindert bei modernen Fenstern die Kondensation, da sich, wie gewünscht, die Oberflächentemperatur an den Scheiben innen

### Auf die Scheibeninnentemperatur kommt es an

Bei einer Außentemperatur von -10°C und einer Raumtemperatur von +21°C beträgt die Scheibeninnentemperatur, also die Oberflächentemperatur

| für | k-Wert | Oberflächentemperatur |
|---|---|---|
| Konventionelles, unbeschichtetes Isolierglas | 3,0 W/m²K | + 9°C |
| Warmglas, edelmetallbeschichtet | 1,1 W/m²K | + 17°C |
| Außenwand, wärmegedämmt | 0,3 W/m²K | + 20°C |

INTERPANE

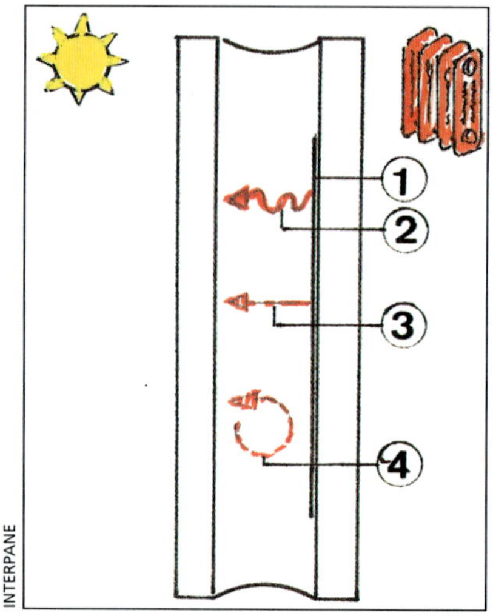


So funktionieren moderne Wärmefunktionsgläser: 1 Beschichtung, die auch den Wärmeflussanteil durch Strahlung praktisch ausschaltet, 2 Wärmestrahlung, die bei konventionellen Zweifach-Isolierglasscheiben zwei Drittel Anteil am Wärmeverlust hat. 3 Wärmeleitung, die bei konventionellen Zweifach-Isolierglasscheiben ein Drittel Anteil am Wärmeverlust hat. Durch Argonfüllung ist der Wärmeleitungsanteil vermindert. 4 Konvektion.

**Zu günstigem Raumklima durch moderne Gläser**

nur wenig von der Raumlufttemperatur unterscheidet. Moderne Fenster lösen das Problem der Abfuhr der Raumluftfeuchte deshalb auf andere Weise: durch natürliche Lüftung, also Öffnen des Fensters, oder durch mechanische Lüftung über Ventilatoren. Während natürliche Lüftung, deren Wirksamkeit von den Witterungsverhältnissen ums Haus beeinflusst ist, nie völlig kontrolliert werden kann, lässt sich bei der mechanischen Lüftung die Luftmenge dosieren. Mehr noch: bei maschineller Lüftung durch Ventilatoren lässt sich der unvermeidliche Wärmeverlust durch Wärmeaustauscher noch wei-

## Der Nutzen heutiger Warmglas-Fensterkonstruktionen für das Raumklima

- Hohe Wärmedämmung durch Warmgläser und moderne Funktionsgläser, also niedriger Wärmedurchgang und damit geringe Wärmeverluste. Das Raumklima wird dadurch verbessert, Energie eingespart.
- Die Temperatur der inneren Scheibenoberfläche nähert sich weitgehend der Raumtemperatur an: daher keine Kälteschleier mehr wie noch bei normalem Isolierglas, keine Kältezonen und Zugeffekte im Fensterbereich. Auch kein Kondensat an der Scheibe. Der Wohnwert wird dadurch gesteigert, der Raum lässt sich besser nutzen, auch der Platz am Fenster ist gemütlich warm.
- Keine unkontrollierten Lüftungswärmeverluste durch breite, dichtungslose Fugen.
- Die Fensterkonstruktion kann meist Grundlüftung, Feinlüftung gewährleisten, beugt damit dem zu schnellen Ansteigen der Raumluftbelastung durch Feuchtigkeit und Kohlendioxid vor
- Schallschutz je nach Außenlärmpegel und Funktion der Räume durch konstruktive Maßnahmen am Rahmen, durch Verglasung und dichten Bauwerksanschluss.

## Einsparungen, die zu Buche schlagen

Moderne Wärmefunktionsgläser, mit denen auch künftig noch steigende Anforderungen an Energieeinsparung erfüllt werden können, unterscheiden sich in ihrer Leistung deutlich von normalem Isolierglas, wie es seit Beginn der Modernisierungswelle eingesetzt wurde.
Wärmefunktionsgläser erreichen eine Wärmedämmung, die bis zu 60% besser ist als die von normalem Isolierglas. Pro Heizperiode können damit bis zu 20 l/m² an Heizöl eingespart werden. Das macht bei einem Einfamilienhaus mit 35 m² Glasfläche 700 l Heizöl weniger pro Jahr. Bei Austausch gegen Fenster mit Einfachglas, wie sie immer noch in alten Häusern zu finden sind, ergeben sich noch größere Einsparungen: bis zu 54 l Heizöl/m² Glasfläche je Heizperiode. Bei einem Einfamilienhaus mit 35 m² Glasfläche errechnen sich gar 1890 l Heizöl weniger pro Jahr.

ter senken: der Abluft aus den Räumen wird Wärme entzogen, mit der die Zuluft, also die Frischluft, vorgewärmt wird. Um bis zu 50% lassen sich die Lüftungswärmeverluste durch Wärmeaustauscher reduzieren.

## Neue Technik löst ein entscheidendes Lüftungsproblem

Nun werfen aber die annähernd dichten Fenster von heute ein großes Problem auf: in der Raumluft reichern sich Kohlendioxid, wie es durch Lebensvorgänge entsteht, Luftfeuchtigkeit und Schadstoffe zu stark an. Man unterscheidet deshalb zwei Lüftungsarten: die Grundlüftung oder Feinlüftung und die Bedarfslüftung.

### Feinlüftung, Grundlüftung

Die Grundlüftung, mit der die Gefahr der Feuchteschäden durch zu hohe Raumluftfeuchtigkeit vermindert und die gesundheitlich notwendige Frischluftzufuhr stetig gewährleistet werden soll, hat zu verschiedenen Systemen geführt. Interessant ist z.B. die Lösung, auch bei geschlossenem Fenster eine dosierte Menge Luft über Blendrahmen und Flügel des Fensters zuzuführen. Grundlüftung, so konstruiert, vermeidet, was bei der leider häufig geübten Dauerlüftung durch Kippstellung auch im Winter meist geschieht: dass die Raumluft zu stark abkühlt, ebenso die Wandoberflächen und Gegenstände im Raum. Der Lüftungswärmeverlust ist unkontrolliert, abgesehen davon, dass Kippstellung keinerlei Schallschutz bietet, wie er bei dem eben geschilderten Grundlüftungssystem gewährleistet ist.

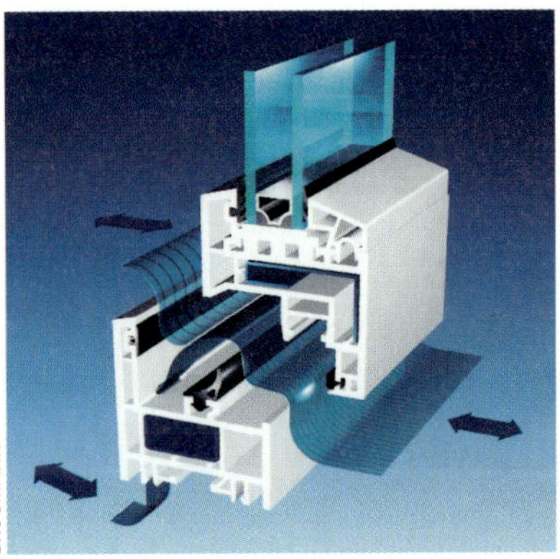


Moderne Fensterkonstruktionen sorgen durch teildurchlässige Fensterfalz-Dichtungen für einen stetigen, aber Zugluft freien, Luftaustausch. Man spricht von Grundlüftung oder Feinlüftung.

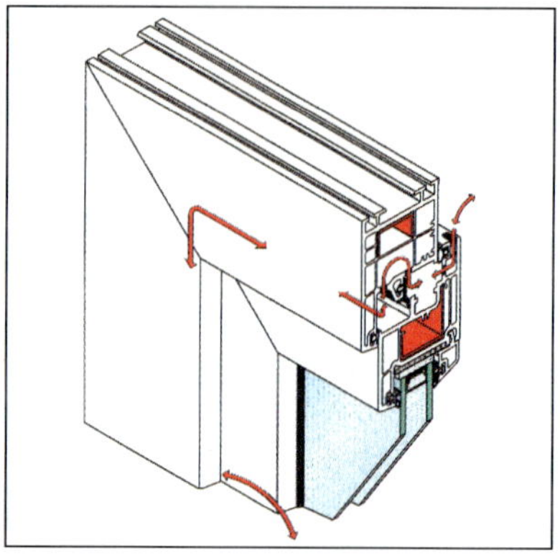

KBE

Bei dieser Fensterkonstruktion wird die Luft für die Grundlüftung bei geschlossenem Fenster über Blendrahmen und Flügel geführt, unter Beachtung des Schallschutzes. Da dieses System die Druck- und Sogbewegungen an verschiedenen Seiten des Gebäudes ausnutzt, müssen alle Fenster einer Wohnung damit ausgestattet sein. Das System kann bei zusätzlicher mechanischer Bedarfslüftung auch die Zuluft liefern. .

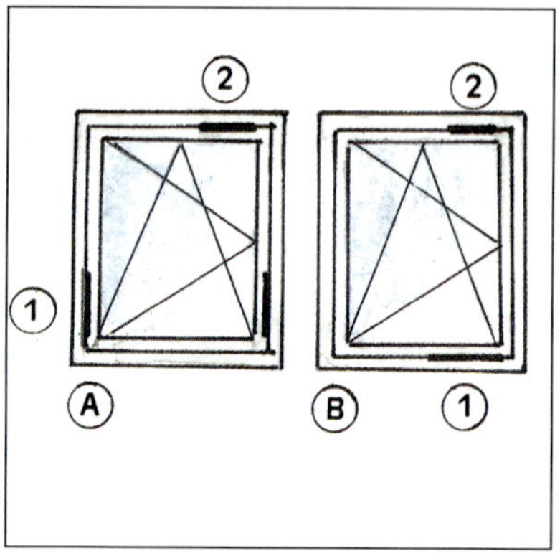


KBE

Dieser Fensterfalzlüfter vermag den Volumenstrom zu regeln: stellt sich also auf den Winddruck ein. A Standardfenster, B mit verstärktem Schallschutz, 1 Blendrahmen-Einström-Dichtung, 2 Fensterfalzlüfter mit Flügel-Lüfter-Dichtung.

Wie wichtig es ist, durch Grundlüftung oder Feinlüftung das zu hohe Ansteigen der Raumluftfeuchtigkeit zu vermeiden, bei ausreichender Wärmedämmung der Fenster und Wände, zeigt auch der Bauschadensbericht 1996 der Bundesregierung. Er meldet als höchste Quote der aufgeführten Schäden Schimmelpilzanfall nach Fenstertausch mit 13%.

## Bedarfslüftung

Die Bedarfslüftung ist dann eine zeitlich begrenzte Lüftung je nach aktueller Luftbelastung, beim Kochen oder Duschen oder auch bei oder nach Anwesenheit von vielen Personen im Raum.

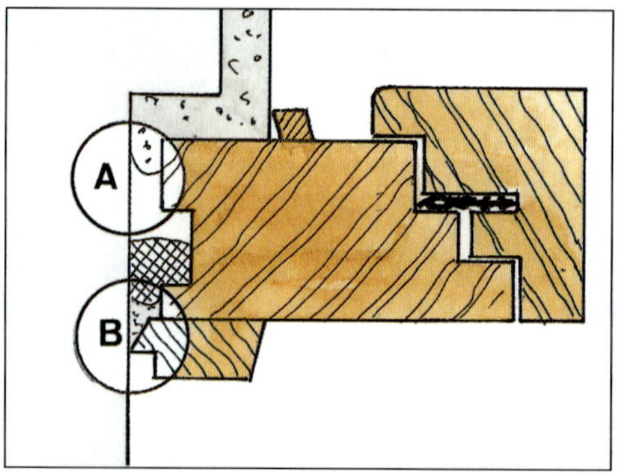


NACH HAMBURGER FENSTERKREIS/HANTSCHKE

Ein kritischer Punkt beim Fenstereinbau und von Einfluss auf das Raumklima ist die Verbindung zwischen Fenster und Mauerwerk. Hier ein Beispiel: die schmale Bauanschlussfuge A gestattet keine korekte Verfüllung. Folge: Kondensatbildung und Holzschädigung. B Falsches Aufsetzen der Leiste, daher Trennfugenbildung. Folge: Auffeuchtungen, Holzschäden. Die Fensteraußenseite ist unten.

## Passive Nutzung der Solarenergie

In einer Epoche, da triftige Gründe das Nachdenken über Energieeinsparung dringlich machen, ist auch der Wärmezugewinn durch Sonneneinstrahlung im Fenster- und Fenstertürenbereich, vor allem zur Südseite hin, als eine Möglichkeit zu werten, Energie einzusparen. Die sogenannten internen Wärmegewinne, z.B. durch Herd, Kühlschrank, Kopierer, Glühbirnen und menschliche Körperwärme werden dadurch ergänzt. Natürlich ist der volle Einsparnutzen nur zu erzielen bei Verwendung von modernen Warmgläsern und einer elektronisch geregelten Heizungsanlage, die auf die zugewonnene Wärme präzise reagiert. Ein Problem der passiven Nutzung dieser Solarenergie kann die Überhitzung sein. Wo es möglich ist, sollte man Laubbäume so pflanzen, dass sie vor direkter Sonneneinstrahlung im Sommer schützen, während im Winter die Äste die Sonnenstrahlen durchlassen. Ein genaueres Dosieren der Solarstrahlung wird aber in der Regel Sonnenschutzvorrichtungen nötig machen. Diese kostenlose Solaren-

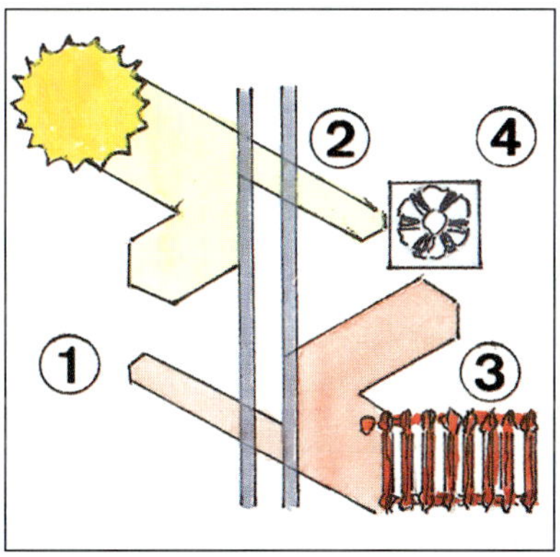


INTERPANE

Warmgläser mit Sonnenschutz, die im Sommer vor Überhitzung der Räume schützen und im Winter vor kostspieligem Energieverlust, eignen sich besonders für großzügig verglaste Maisonette-Wohnungen, Studios und ausgebaute Dachgeschosse mit vielen Fenstern. 1 k-Wert, der den Wärmedurchgang von innen nach außen, also von höherer Temperatur zu niederer Temperatur bezeichnet. 2 g-Wert kennzeichnet den Gesamtenergiedurchlassgrad, nämlich den Anteil der auf die Verglasung fallenden Solarenergie, der ins Rauminnere gelangt. 3 Heizung, 4 Klima.

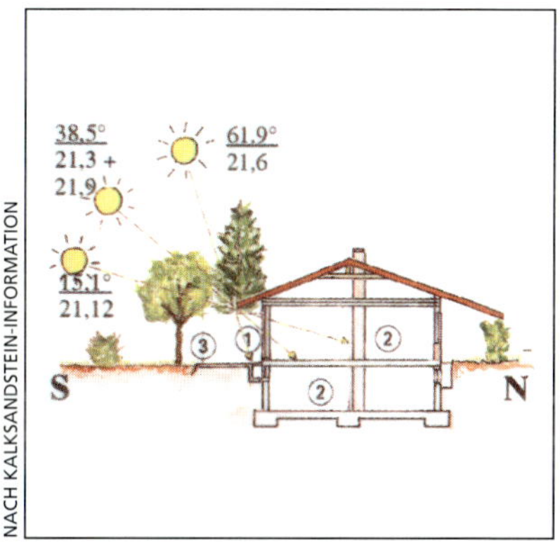


NACH KALKSANDSTEIN-INFORMATION

Sonnenschutz im Sommer, als Voraussetzung für ein behagliches Raumklima, lässt sich durch Jalousien, Rolläden oder Markisen erreichen, sowie durch Dach- oder Balkonüberstände, doch auch durch geeignete Bepflanzung z.B. durch Laubbäume, 3, die im Sommer vor Hitze und direkter Solarstrahlung schützen, im Winter aber Sonnenstrahlung durchlassen. 1 Große Fenster, 2 massive, speicherfähige Wände. Die Gradzahlen, also Einfallswinkel der Sonnenstände und die Jahresdaten sind jeweils angegeben.

ergie ist vor allem im Winter als ein Beitrag zu einem günstigen Raumklima zu werten, wenn massive Raumumschließungsflächen sie speichern, und diese Wärmespeicherung ausgleichend wirkt auf Temperaturschwankungen. Wo es nötig wird, den Sonnenenergiedurchgang durch die Gläser, den sogenannten g-Wert, zu reduzieren, wie z.B. bei sehr großen Fenstern oder gar Glasanbauten, empfehlen sich sogenannte Klimagläser, die den g-Wert herabsetzen, ohne die Lichtdurchlässigkeit zu vermindern. Hier ist also von Fall zu Fall, je nach Lage, Fenstergröße und Baumbestand über die Maßnahmen zu entscheiden.

**Schalldämmung: entscheidend für das Wohlbefinden**

Auch die Frage der Schalldämmung der Fenster, die für die Glaswahl und die Wahl des Fenstertyps entscheidend ist, wird je nach äußerer Schallbelastung, die sich vom Schmerzbereich über den Schädigungsbereich bis zum Belästigungsbereich ausdehnen kann, zu entscheiden sein. Die Raumnutzung spielt dabei natürlich eine Rolle.

## Warum Größe und Aufteilung zu beachten sind

**Auf Proportionen achten**

Damit Fenster ihre Lüftungs-Funktion einwandfrei erfüllen können, ist auf ihre Proportion zu achten. Grundsätzlich sind rechteckige Hochformate mit 80cm Breite und 130 cm Höhe am günstigsten. Extrem breite Flügel mit geringer Höhe sollten schon deshalb vermieden werden, weil sich das große Gewicht der Isoliergläser schädigend auf Rahmen und Beschläge auswirken kann. In kleinen Räumen sind überdimensionierte Flügelformate auch oft sehr störend, von der unbefriedigenden Außenansicht einmal ganz abgesehen. Ziel sollte es in jedem Fall sein, die Proportionen auch bei großen Fensteröffnungen so zu planen, dass natürliche Lüftung jeder Zeit auf einfache Weise und ohne Störung des Raumes, wie sie Abräumen und Beiseiterücken von Mobiliar und Gegenständen nun einmal bedeuten, möglich ist. Der Weg dazu wird mehrfache Aufteilung sein. Bei der Planung der Proportionen ist gegebenenfalls auch der Platz für Dosierlüfter zu berücksichtigen, die man entweder im Blendrahmen oder Fensterflügel oben einbauen kann oder oben und unten oder an der Seite.

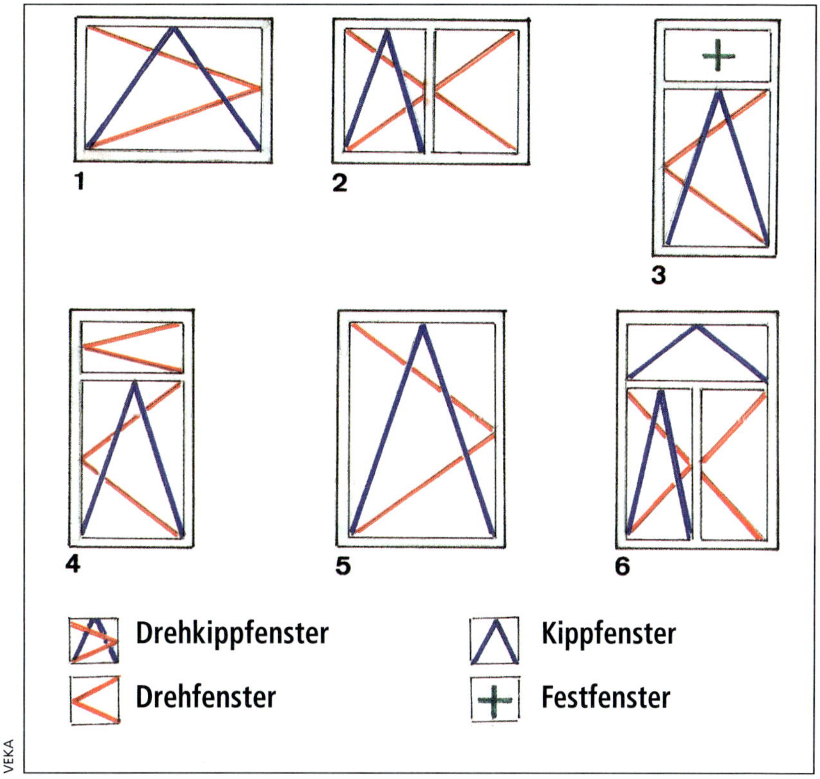


Wie praktisch die Fenster zu nutzen sind, hängt auch von ihren Proportionen und ihrer Aufteilung ab. 1 Der Flügel ist zu breit, 2 als zweiflügeliges Element ist das Fenster praktisch zu nutzen. 3 Das obere Festfenster stellt beim Putzen eine Gefahr dar. 4 Hohe Konstruktionen sind häufig in alten und älteren Gebäuden zu finden. Bei der Fenstererneuerung sollten die Oberlichter beweglich ausgeführt werden. 5 Auch hier ist der Flügel zu groß. 6 Bei so großen Fensterflächen ist aus optischen und vor allem funktionellen Gründen mehrfache Aufteilung sinnvoll.

## Fensterwerkstoff

Die Frage nach dem Werkstoff, aus dem Fenster bestehen, hat sich in den letzten Jahren insofern entschärft, als alle Qualitätsfenster den heutigen Anforderungen gerecht werden. Preislich liegen Kunststoff-Fenster etwas höher als Holzfenster, doch fallen dafür die Anstriche zur Instandhaltung weg.

Entscheidend für die Wahl sollte neben dem Preis vor allem der Charakter des Hauses und die Bewitterung sein. Bei einem denkmalgeschützten Haus oder einem zumindest werkstoffgerecht erhaltenswerten Haus wird man zu Holzfenstern greifen, doch lassen sich auch mit Kunststofffenstern heute viele Stilrichtungen abdecken. Bei der Wahl der Fensterfarbe wird oftmals vernachlässigt, dass je nach Farbton die Ober-

GRETSCH-UNITAS

Sicherheitsbeschläge, speziell gegen Einbruch entwickelt, ermöglichen eine sichere Spaltlüftung, z.B. auch nachts im Schlafzimmer.

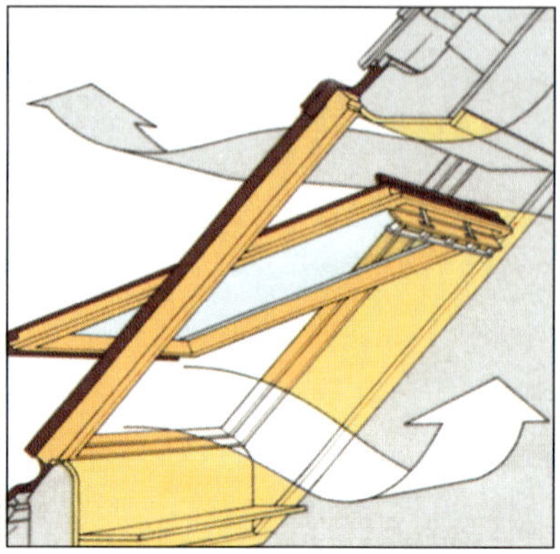

VELUX

Moderne Dachflächenfenster bieten mehrere Möglichkeiten der Lüftung: von der Dauerlüftung mit Luftfilter bei geschlossenem Fenster über die Zirkulations-Lüftung mit sturm- und kindersicher festgestelltem Fensterflügel bis zum Stoßlüften durch den stufenlos verstellbaren Fensterflügel.

**Fensterfarbe beeinflusst Oberflächentemperatur**

flächentemperaturen von Rahmen und Flügel sich beträchtlich unterscheiden können und dadurch die Beanspruchung durch die Temperaturen. Hat man bei Weiß eine maximale Temperatur von 40°C gemessen, so bei Blaugrau und Brillantblau schon 61 bis 76°, bei Feuerrot 55 bis 63°.

# Feuchtigkeit in der Raumluft

Das Raumklima in Wohnbauten ist die Summe aller jener Einflüsse physiologischer und psychologischer Art, die das menschliche Wohlbefinden innerhalb des Hauses gewährleisten, steigern oder vermindern. Beeinflusst wird das Raumklima von der Raumluftfeuchte, der Raumlufttemperatur, der Oberflächentemperatur der Raumumschließungsflächen, der Belastung der Raumluft, der Luftbewegung im Aufenthaltsbereich, sowie der Beschallung von außen oder von innen. Dabei ist zu beachten, dass die einzelnen Einwirkungen mehr oder minder miteinander zusammenhängen, also z.B. eine Behaglichkeitstemperatur von 20 bis 22° nur dann voll gelten kann, wenn die Oberflächentemperatur der Raumumschließungsflächen dazu stimmt und auch die Raumluftfeuchte einen bestimmten Wert nicht übersteigt.

## Luft, Wasser, Wasserdampf

**Wasserdampf: drittgrößter Anteil der Luft**

Luft ist ein Gemisch aus einem Dutzend verschiedener Gase wie z. B. Stickstoff, Sauerstoff, Kohlendioxid und anderer Stoffe, diese aber in winzigen Mengen. Außerdem enthält Luft natürlich in wechselnden Konzentrationen gewerbliche Abgase, Staub und Schwebstoffe sowie pflanzliche und tierische Mikroorganismen. Und auch radioaktive Bestandteile natürlichen Ursprungs wie Radon, ein Zerfallsprodukt des Radiums, das sich an die stets vorhandenen Staubteilchen anlagert. Als drittgrößten Anteil enthält die Luft Wasserdampf in wechselnden Mengen. Wasserdampf ist unsichtbar. Wenn die Wasserdampfmenge in der Raumluft eine bestimmte Schwelle übersteigt, verbreitet sich Unbehagen, wird die wachsende Luftfeuchte zunehmend als Schwüle empfunden, vor allem in zu warmen Räumen.

**Wasserdampf als Wohnproblem**

Unsichtbarer Wasserdampf in der Raumluft war stets ein Wohnproblem, doch hat es sich heute, vor allem wegen der dichteren Fenster, wie sie das Energiesparen erfordert, entscheidend verschärft. Denn heute entfällt der bei älteren Fenstern wegen der mehr oder minder großen Fugendurchlässigkeit ständige Luftaustausch, der natürlich auch Feuchtigkeit abgeführt hat.

Auch die Kondensation des Wasserdampfs an den kalten Scheiben, die den Feuchtegehalt ebenfalls verminderte, entfällt heute: die Fensterscheiben sind warm. Gegenüber früher bleibt die Luftfeuchtigkeit also im Raum, steigt an, konzentriert sich so, dass gewisse Schwellenwerte überschritten werden. Was passiert dann?

Bevor wir diese entscheidende Frage beantworten, drängt sich uns eine andere Frage auf.

## Woher stammt das Wasser in der Raumluft?

Wohnfeuchte, also Feuchte, die durch Wohn- und Lebensvorgänge vor allem in beheizten Räumen entsteht, hat viele Ursachen. Doch wenn auch einige der Ursachen den meisten Men-

Ein Mensch in leichter Aktivität gibt pro Stunde 30 bis 60g Feuchtigkeit an die Raumluft ab.

Durch ein Wannenbad wird die Raumluft mit ca. 700g Feuchtigkeit pro Stunde belastet.

Oben rechts:
Koch- und Arbeitsvorgänge erzeugen pro Stunde 600 bis 1500g Feuchtigkeit, die als Wasserdampf die Raumluft belasten.

schen geläufig sind: die wenigsten machen sich, wie Gespräche mit Eigentümern und Bewohnern zeigen, eine klare Vorstellung, mit welchen Feuchtemengen im einzelnen zu rechnen ist. Jeder weiß, dass beim Kochen Feuchtigkeit entsteht, denn sie ist zum Teil als kondensierter Dampf sichtbar. Auch Feuchtigkeit, die beim Baden oder Duschen im Raum ansteigt: man spürt sie, häufig als Unbehagen, und das Bedürfnis, die Fenster zu öffnen oder den Ventilator anzustellen, wächst mit der steigenden Luftfeuchte. Dagegen wird weniger beachtet, dass der Mensch ebenfalls Feuchte in beträchtlichen Mengen abgibt, und dass dabei auch eine Rolle spielt, welche Arbeiten er ausführt. Bei schwerer Arbeit gibt er die zehnfache Menge an Feuchte ab wie bei leichten Aktivitäten. Unbekannt ist vielfach auch, dass die Wassermengen, die man Pflanzen spendet, fast vollständig als Luftfeuchte zum Raumklima beitragen. So ist in der Wohnung einer vierköpfigen Familie, um nur ein Beispiel zu nennen, durchaus mit einem täglichen Feuchteanfall von sieben und mehr Litern zu rechnen.

**Ein Eimer voll Wasser**

Man hört, auch heute noch, häufig die Forderung, die Außenwände müssten atmen, dann wäre das Problem der Raumfeuchte entschärft. Diese Hypothese, dass eine natürliche Ventilation durch Außenwände möglich sei, stimmt nicht.

**So kommt die Luftfeuchte in die Wohnung**

- Mensch: mittelschwere Arbeit 120 bis 200g/h schwere Arbeit 200 bis 300g/h
- Duschen: ca. 2600g/h
- Zimmerblumen, z.B. Veilchen 5 bis 10g/h
- freie Wasseroberfläche: ca. 40g/m²/h
- trockene Wäsche, geschleudert: 50 bis 200g/h

GEBR. KÜMMERLING

Denn Außenwände sind dicht, müssen dicht sein, luftdicht. Etwas anders ist es mit dem Wasserdampf, dessen Moleküle durchaus in Baustoffe eindringen, sie passieren können. Doch ist die Menge dieser Wasserdampfdiffusion so gering, dass auch die Annahme, es würde dadurch der Feuchtegehalt der Innenraumluft ausgeglichen, unhaltbar ist. Ein spürbarer Beitrag zur Wohnhygiene, zum Wohnklima ist davon nicht zu erwarten.

Anders ist es mit der Wasserdampf-Sorption, die auf die Raumluftfeuchte ausgleichend wirken kann, und, wie die Wärmespeicherfähigkeit, als erwünschte Eigenschaft hinsichtlich des Raumklimas gesehen werden muss.

## Wasserdampfsorption wirkt ausgleichend

Ursache der Sorption sind die Poren, die inneren Hohlräume der Materialien. Sie nehmen Feuchtigkeit aus der Raumluft auf, je nach der relativen Feuchte, die im Raum herrscht. Hohe relative Feuchte führt zu einem größeren Feuchtigkeitsgehalt der Materialien, als er bei niedriger relativer Feuchte eintritt. Angelagert wird die Feuchtigkeit an den äußeren und inneren Oberflächen in den Poren der Materialien. Wie wirkungsvoll die Wasserdampf-Sorption die Raumluftfeuchte ausgleichend beeinflussen kann, hängt davon ab, wie schnell die Sorption abläuft und wie schnell, bei Veränderung der

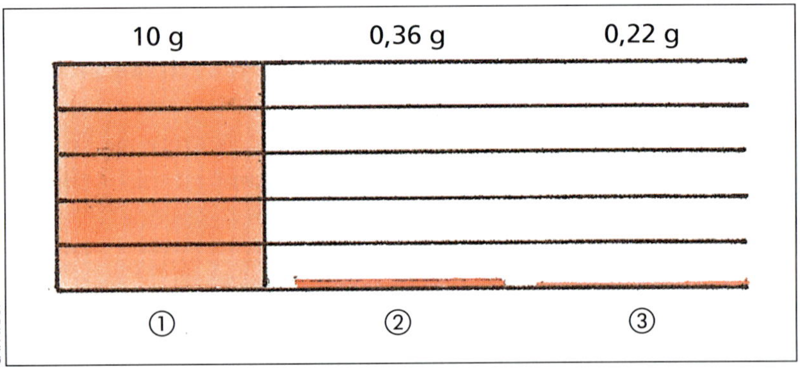


CAPATECT

Wände atmen nicht, sie sind luftdicht und lassen feuchte Raumluft nicht hindurch. Auch der Wasserdampfdurchgang durch die Außenwand kann nicht zum Feuchteausgleich der Raumluft beitragen. Die Mengen sind vernachlässigbar klein und für das Raumklima unbedeutend. Hier ein Vergleich der Feuchtemengen 1, die durch Sorption vorübergehend im Innenputz eingelagert werden, mit den Feuchtemengen, die durch eine ungedämmte Außenwand 2 oder durch eine gedämmte Außenwand 3 hindurchgehen, diffundieren. Quelle: nach Architektenbrief 17.

relativen Luftfeuchte, etwa durch Lüftung, die Feuchtigkeit wieder abgegeben wird, also Desorption erfolgt. Je schneller dieser Vorgang abläuft, desto günstiger. Als Beispiele für Baustoffe mit günstigen Sorptionseigenschaften sind vor allem Gips und Holz zu nennen. Allerdings ist dafür nötig, dass keine dampfbremsenden oder gar dampfdichten Beschichtungen ihre Oberfläche abdecken.

## Ein wichtiger Kennwert: die relative Luftfeuchtigkeit

**Feuchtigkeitsmenge hängt von der Temperatur ab**

Bevor wir uns mit den unerwünschten Folgen zu hoher Luftfeuchtigkeit in der Raumluft beschäftigen, müssen wir uns eine bauphysikalische Gesetzmäßigkeit verdeutlichen, die diesen unerwünschten Folgen zu Grunde liegt und sie verständlich macht. Wir sprechen von der sogenannten relativen Luftfeuchtigkeit. Dazu muß man wissen: wieviel Feuchte Raumluft aufnehmen kann, hängt von der Lufttemperatur ab.

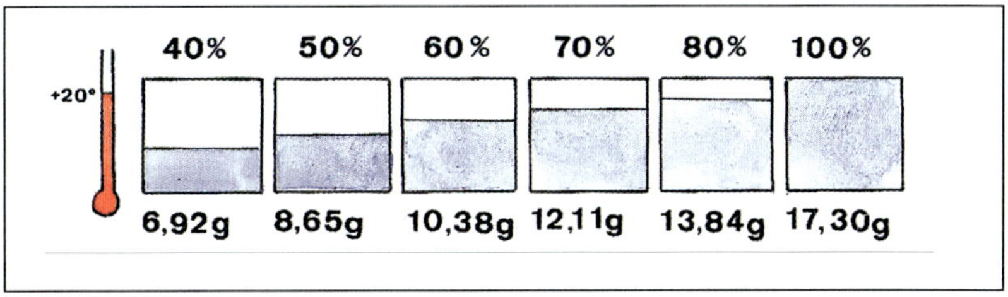


Zum Verständnis der relativen Luftfeuchtigkeit: bei einer Raumlufttemperatur von 20° kann ein Kubikmeter Luft maximal 17,3 g Feuchtigkeit aufnehmen. Man spricht von Sättigung oder einer Luftfeuchte von 100%. Bei einer relativen Luftfeuchtigkeit von 50% halbiert sich die Wassermenge auf 8,65 g/m³.

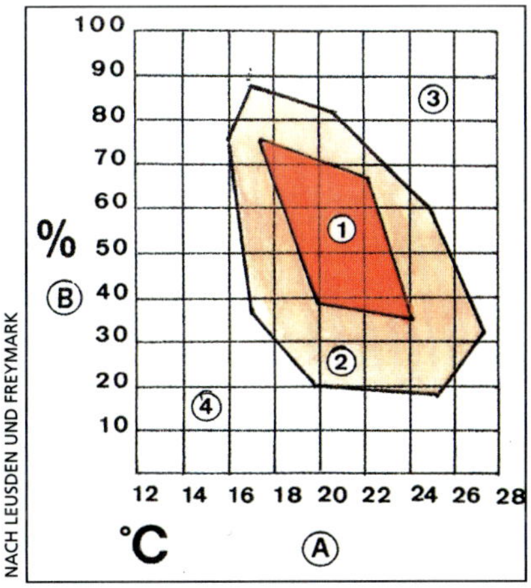


So entsteht durch das Zusammenspiel von Luft-Feuchtigkeit und Raumluft-Temperatur bei einer mittleren Temperatur der Raumumschließungsflächen und geringer Luftgeschwindigkeit ein behagliches Raumklima: A Lufttemperatur, B Relative Luftfeuchte, 1 Behaglicher Bereich, 2 noch behaglich, 3 unbehaglich feucht, 4 unbehaglich trocken.

**Wieviel Raumluft-feuchte ist zuträglich?**

Aus hygienischen Gründen sollte die relative Luftfeuchte in Wohnräumen um einen mittleren Wert von 50% liegen.

**Wussten Sie das schon?**

Wände, die durch ungenügende Raumheizung feucht wurden, sparen keine Energie ein. Beim Anheizen ausgekühlter Räume ist eine Taubildung auf den Außenwänden, also Bildung von Kondensat, nahezu unvermeidlich. Deshalb sollte in der kalten Jahreszeit die Temperatur aus Energiespargründen nie zu stark abgesenkt werden.

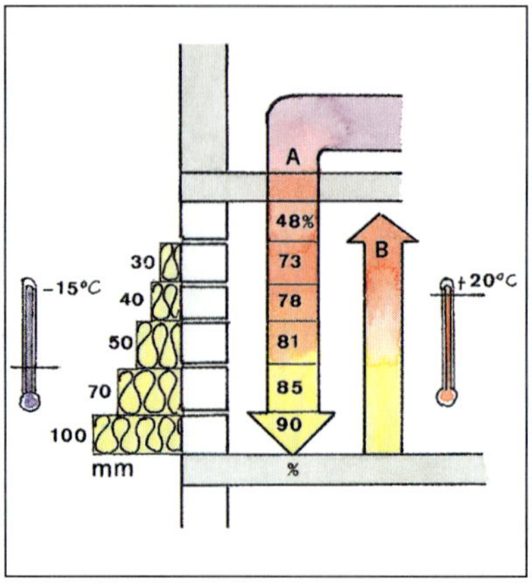


Das Entstehen von Feuchtigkeit an den Außenwandinnenoberflächen, also Kondensatbildung, lässt sich durch Wärmedämmung vermeiden. Die Schemazeichnung macht deutlich, wie hoch bei einer Außentemperatur von -15°C und einer Innentemperatur von +20°C die relative Luftfeuchte A ansteigen kann, ohne dass Kondensat ausfällt. Die Kondenswassergefahr ist umso größer, je geringer die Wärmedämmung und dadurch die innere Oberflächentemperatur der Außenwand ist. Ein Beispiel: bei einer Wärmedämmschicht von 40 mm fällt Kondensat ab einer relativen Luftfeuchtigkeit von 78% an der Wandinnenseite an.

Je höher diese Temperatur, desto mehr Feuchte kann die Luft tragen, bis hin zum Sättigungsgrad, also bis zu 100% Luftfeuchtigkeit. Nun wird in der Praxis diese Sättigungsmenge, diese maximale Menge selten erreicht, sondern nur ein Teil davon. Dieser relative Teil, die relative Luftfeuchte, wird in Prozenten angegeben. Machen wir uns klar, wie sich relative Luftfeuchte und Raumtemperatur bei Veränderungen verhalten, um sie richtig einschätzen zu können: sinkt, bei gleich-

**Feuchteniederschlag führt zu Schimmelbildung**

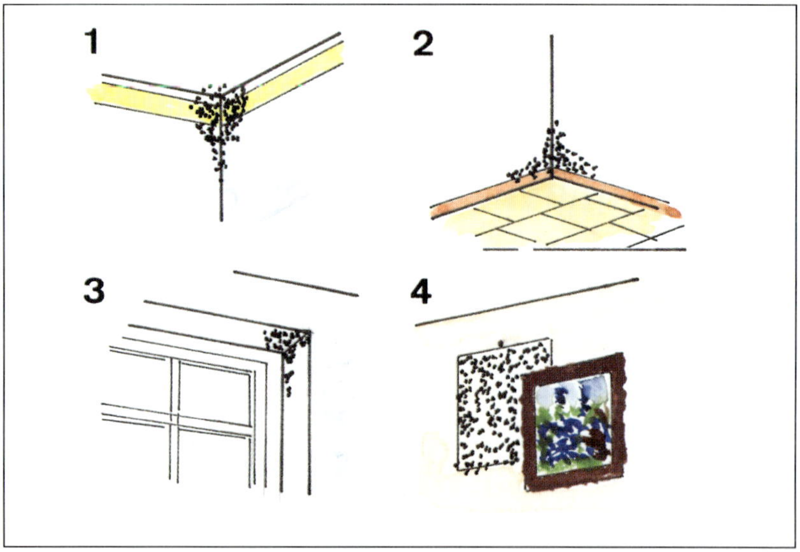


Kondensat, also Tauwasser, wie es entsteht, wenn der Wasserdampf der feuchten Raumluft sich an kalten Außenwandinnenoberflächen niederschlägt, entsteht vor allem in diesen Bereichen und begünstigt die gesundheitlich bedenkliche Schimmelbildung: 1 Außenwandecke mit geometrischer Wärmebrücke, 2 Außenwandecke Fußboden, 3 Fensterlaibung bei fehlerhafter Dämmung, 4 unzureichend gedämmte Außenwandflächen hinter Bildern, Schränken, Vorhängen.

**Soviel Feuchte kann Luft bei verschiedenen Temperaturen maximal und relativ aufnehmen (nach Eichler).**

| Lufttemperatur in °C | relative Luftfeuchte in % 40% | 50% | 60% | 70% | 80% | 90% | 100% |
|---|---|---|---|---|---|---|---|
| | Wassergehalt in g/m³ | | | | | | |
| 26 | 9,76 | 12,20 | 14,64 | 17,08 | 19,52 | 21,96 | 24,40 |
| 24 | 8,72 | 10,90 | 13,08 | 15,26 | 17,44 | 19,62 | 21,80 |
| 22 | 7,76 | 9,70 | 11,64 | 13,58 | 15,52 | 17,46 | 19,40 |
| 20 | 6,92 | 8,65 | 10,38 | 12,11 | 13,84 | 15,57 | 17,30 |
| 18 | 6,12 | 7,65 | 9,18 | 10,71 | 12,24 | 13,77 | 15,30 |
| 16 | 5,46 | 6,83 | 8,20 | 9,56 | 10,93 | 12,29 | 13,66 |
| 14 | 4,82 | 6,03 | 7,23 | 8,44 | 9,64 | 10,85 | 12,05 |
| 12 | 4,01 | 5,02 | 6,02 | 7,02 | 8,02 | 9,03 | 10,03 |
| 10 | 3,76 | 4,70 | 5,64 | 6,58 | 7,52 | 8,46 | 9,40 |
| 8 | 3,31 | 4,14 | 4,97 | 5,79 | 6,62 | 7,44 | 8,27 |
| 6 | 2,90 | 3,63 | 4,36 | 5,08 | 5,81 | 6,53 | 7,26 |
| 4 | 2,55 | 3,19 | 3,82 | 4,46 | 5,10 | 5,73 | 6,37 |
| 2 | 2,23 | 2,78 | 3,34 | 3,90 | 4,46 | 5,01 | 5,57 |
| 0 | 1,94 | 2,43 | 2,92 | 3,40 | 3,89 | 4,37 | 4,86 |
| – 2 | 1,66 | 2,08 | 2,49 | 2,91 | 3,32 | 3,74 | 4,15 |
| – 4 | 1,41 | 1,77 | 2,12 | 2,47 | 2,82 | 3,18 | 3,53 |
| – 6 | 1,20 | 1,50 | 1,80 | 2,10 | 2,40 | 2,70 | 3,00 |
| – 8 | 1,02 | 1,27 | 1,52 | 1,78 | 2,03 | 2,29 | 2,54 |
| –10 | 0,86 | 1,08 | 1,29 | 1,51 | 1,72 | 1,94 | 2,15 |

Der praktische Nutzen dieser Tabelle: sie lässt erkennen, wieviel Feuchtigkeit, in Gramm pro Kubikmeter gemessen, bei absinkender Lufttemperatur ausfällt, etwa, wenn die Temperatur an den Innenoberflächen der Außenwände sehr viel niedriger liegt als die Raumlufttemperatur. Ein Beispiel: beträgt in einem Raum die Lufttemperatur 20°C und die relative Luftfeuchtigkeit 60%, enthält ein Kubikmeter Luft 10,38g, könnte aber bis 17,30g enthalten. Würde die Temperatur aber abgesenkt, z.B. an der Wand, etwa auf 12°C, dann würde die Wassermenge von 10,38g größer sein als die höchst mögliche Menge, die Luft bei 12°C aufnehmen kann, nämlich 10,03g. Damit wäre die Taupunkttempertur bereits unterschritten, würde sich der Wasserdampf kondensieren und als Tauwasser niederschlagen.

**Luftfeuchte und Raumluft-Temperatur beeinflussen einander**

bleibender Feuchtemenge, die Raumtemperatur, dann steigt die relative Luftfeuchte an. Sie steigt aber auch an, wenn bei gleichbleibender Temperatur weitere Feuchtigkeit zugeführt wird. Die relative Luftfeuchte sinkt, wenn, bei gleichbleibender Feuchtemenge, die Lufttemperatur ansteigt.

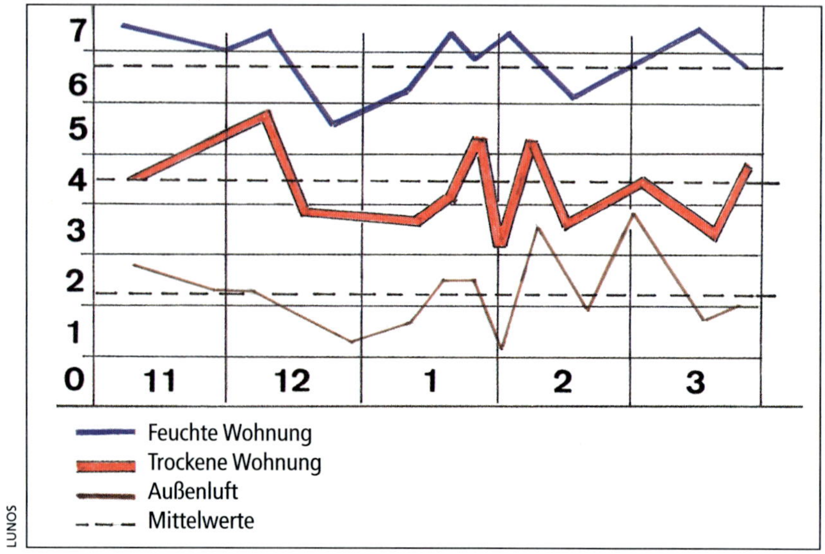


Der Wassergehalt in der Raumluft schwankt sowohl in einer feuchten Wohnung mit Kondenswasser und Schimmelbildungen (blau) als auch in einer trockenen Wohnung ohne Kondenswasser und Schimmel (rot) wie der Wassergehalt der Außenluft (braun). Nur beträgt der mittlere Wassergehalt der feuchten Wohnung 6,8 g/kg Luft, der Gehalt der trockenen Wohnung aber nur 4,4 g/kg Luft. Bei 20°C Raumtemperatur entsprechen diese Werte einer relativen Luftfeuchte von 30% in der trockenen und 50% in der feuchten Wohnung. Links die Grammgewichte, unten die Unterteilung in Monate von November bis März.

## Was passiert also, wenn die Feuchte im Raum zu hoch ansteigt?

Die Tatsache, dass Luft einer bestimmten Temperatur nur eine gewisse Menge Wasser in Gasform zu tragen vermag, kann in Innenräumen Folgen haben, die zu Durchfeuchtungen der Außenwände führen und damit zu Schäden, die auch gesundheitlich bedenklich sind. Sie beeinflussen das Raumklima, z.B. durch die Sporen der Schimmelpilz-Rasen, die sich an den feuchten Stellen bilden können. Der Vorgang heißt Kondensation, manche Fachleute sprechen auch vom Erreichen des Taupunkts oder von Schwitzwasser. Der Wasserdampf kondensiert, erreicht also den Taupunkt, wenn in Abhängigkeit von der Temperatur die Sättigungsgrenze überschritten ist und die Luft mehr Feuchte nicht tragen kann. Zu Kondensation kann es kommen, wenn die Feuchte in der Raumluft steigt, doch auch, wenn man lediglich die Temperatur reduziert und nicht gleichzeitig auch die Luftfeuchte: denn auch dann wird die maximale Tragfähigkeit der kälter gewordenen Luft überschritten. Zu dieser Senkung der Temperatur kann es in der Praxis kommen, wenn warme, mit Feuchte gesättigte Raumluft sich an kalten inneren Wandoberflächen der Außenwände abkühlt. Das kann in Raumecken geschehen oder hinter Schränken, Polstermöbeln und schweren Vorhängen und zu Dauerdurchfeuchtung führen. Die Gefahr ist vermindert, wenn der vorbeistreichende Luftzug der Lüftung täglich eine Austrocknung bewirkt, die Feuchtebelastung also nur kurzzeitig auftritt. Doch ist ratsam, dergleichen räumliche Situationen von vornherein zu vermeiden.

## Worauf es für das Raumklima ankommt

- Zu hohe Raumluftfeuchte vermeiden oder/und
- an langzeitiger Einwirkung hindern, also Feuchtigkeit rechtzeitig oder regelmäßig abführen.
- Die Luftfeuchtigkeit regelmäßig kontrollieren: durch ein Hygrometer, wie es Optiker anbieten.
- Die innere Oberflächentemperatur der Außenwände darf sich nicht zu stark von der Raumlufttemperatur unterscheiden, damit Tauwasser, also Kondensat, vermieden wird. Abhilfe durch Verbesserung der Wärmedämmung außen.
- Auf ausreichenden Regenschutz der Außenwände achten, durch defekten Putz eindringende Feuchtigkeit kann zu erhöhter Raumluftfeuchte führen und damit zu Schäden.

# Was es mit der Raumluft-Temperatur auf sich hat

Wer ein behagliches, gesundes Wohnen anstrebt, muss in den kalten Monaten die Räume ausreichend beheizen. Das klingt einfach, aber Wärme zu erzeugen und über Heizkörper, welcher Art auch immer, an den Raum abzugeben, genügt allein nicht, um das erwünschte Raumklima zu erzielen. Denn es geht nicht nur um die Wärmegrade in den Räumen, je nach Nutzung, es geht auch um die Bedingungen, um die physikalischen Größen, die sich unter dem entscheidenden Schlüsselbegriff der thermischen Behaglichkeit zusammenfassen lassen.

Norm-Innentemperaturen dienen der Wärmebedarfsberechnung des Heizungsinstallateurs, entsprechen aber nicht immer den gewünschten und als behaglich empfundenen Raumtemperaturen, für die unsere Zeichnung Empfehlungen gibt.

**Auf die thermische Behaglichkeit kommt's an**

Als primäre, beherrschende Faktoren sind dabei neben der Lufttemperatur zu nennen: die Temperatur der Umschließungsflächen, wie sie vor allem von der Wärmedämmung der Außenwand abhängt, die Luftfeuchte im Raum, die durch Wohn- und Lebensvorgänge entsteht und durch Lüftung in Grenzen gehalten werden muss, die Luftbewegung, die Luftgeschwindigkeit also, sowie die direkt vom Menschen abhängigen Faktoren des Tätigkeitsgrads und der Bekleidung. Diese beiden Faktoren sind deshalb wichtig, weil durch den Stoffwechsel je nach Tätigkeitsgrad Wärme produziert wird. Herrscht mit der Umgebung thermisches Gleichgewicht, dann wird diese Wärme vollständig an die Umgebung abgegeben. Thermisches Gleichgewicht herrscht dann, wenn die Kerntemperatur des menschenlichen Körpers weder steigt noch sinkt.

**Das ist thermische Behaglichkeit**

In der Zone thermischer Behaglichkeit empfindet der Mensch ein Raumklima weder als zu kühl noch als zu warm. Er schwitzt nicht oder höchstens beginnend und nicht fühlbar, nicht das Wohlbefinden störend.

Den wichtigen Zusammenhang zwischen Raumlufttemperatur und Raumluftfeuchte haben wir im vorausgehenden Kapitel genauer betrachtet. Hier nur soviel zur Erinnerung: wieviel Feuchte Raumluft aufnehmen kann in Form von unsichtbarem Wasserdampf, hängt von deren Temperatur ab. Je höher die Temperatur, desto mehr Feuchte kann die Luft aufnehmen und umgekehrt. Entscheidend sind hier die Prozentzahlen der relativen Luftfeuchte, die aus hygienischen Gründen um einen mittleren Wert von 50% schwanken sollte, genauer: im Winter zwischen 45 und 65%, im Sommer zwischen 40 bis 55%.
Um eine thermische Behaglichkeit zu erzielen, muss man sich nicht eng an die je nach Raum empfohlenen Temperaturen halten: es besteht um diese Werte eine Behaglichkeits-Zone, innerhalb deren Gradbereich man sich wohlfühlt. Wie breit diese Zone ist und welche Temperaturen sie umfasst, das ist wesentlich von Kleidung, Arbeitsschwere, aber auch von dem Vermögen der Körperschale, Wärme zu isolieren abhängig, also auch von der Muskulatur und vom Fettpolster des Körpers. Dicke Menschen sind unempfindlicher gegen Kühltemperaturen und können sich auch bei stärkeren Temperaturschwankungen innerhalb ihrer breiten Behaglichkeitszone noch wohlfühlen. Befinden sich mehrere Menschen in einem Raum, wird jeder das Raumklima etwas anders beurteilen. Thermische Behaglichkeit ist noch in einer anderen Hinsicht

wichtig: wegen der dadurch günstigen Stoffwechsel- und Energieumsatzsituation ist die körperliche Leistungsfähigkeit optimal. Das gilt auch für geistige Leistungsfähigkeit, die jedoch bei steigenden Raumtemperaturen, etwa von 25 bis 27° und mehr, bei relativer Luftfeuchte von 40 bis 50% beeinträchtigt wird: weil das Gehirn wärmeempfindlich ist und sich bei steigenden Temperaturen die Wärmeabgabe des Kopfes vermindert.

## Warum sind die Innenoberflächen der Außenwände so wichtig?

**Was alles sich gegenseitig beeinflusst**

Wir nannten bereits die Faktoren, die zu thermischer Behaglichkeit führen. Um die Empfehlungen von Temperaturgraden je nach Raum richtig einschätzen zu können, muss man sich klarmachen, dass es eine reine Raum-Temperatur physikalisch nicht gibt, sondern genau genommen eine Lufttemperatur und die Temperatur bzw. Temperaturen der inneren Raumumschließungsflächen. Beide Temperaturen zusammen ergeben erst die sogenannte empfundene Temperatur, ruhige Luft vorausgesetzt. Nun wirken Lufttemperatur und Oberflächen-

W. FRANK/BECKERT U.A. GESUNDES WOHNEN

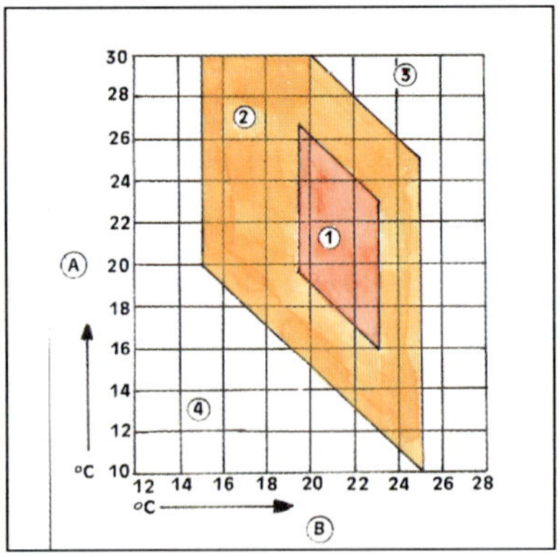


Soll die Empfindung thermischer Behaglichkeit erreicht oder bewahrt werden, ist darauf zu achten, wie sich die Raumlufttemperatur zu der Temperatur der Raumumschließungsflächen verhält. A: Mittlere Temperatur der Wärmestrahlung der Umschließungsflächen, die einer Person in einem Raum zugewandt sind. B: Die Lufttemperatur des Raumes. 1 behaglicher Bereich, 2 noch behaglich, 3 unbehaglich warm, 4 unbehaglich kalt.

LUTZ U.A., LEHRBUCH DER BAUPHYSIK.

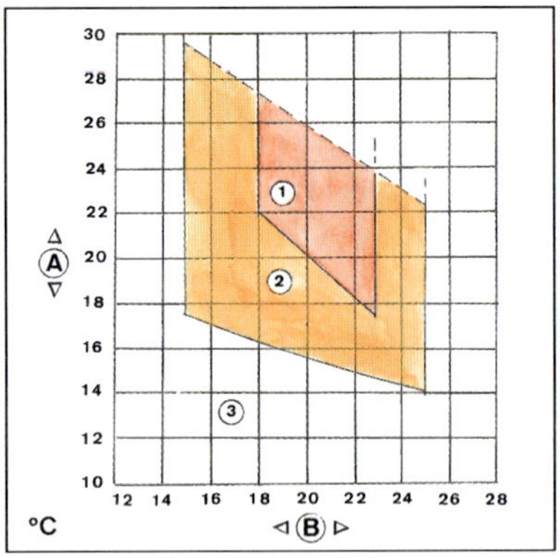


Auch die Fußbodentemperatur ist in ihrem Verhältnis zur Raumlufttemperatur für die Behaglichkeit von Bedeutung. A: Fußbodentemperatur. B: Raumlufttemperatur 1 behaglich, 2 noch behaglich, 3 unbehaglich kalt.

Strahlungstemperaturen auf den Wärmehaushalt des Körpers in gleichem Sinne: deshalb lassen sich zu niedrige Strahlungstemperaturen der Oberflächen bis zu einem gewissen Maß durch höhere Lufttemperatur ausgleichen, um thermische Behaglichkeit zu erzielen. Und natürlich umgekehrt. Kurz: die thermische Behaglichkeit erfordert also, dass innerhalb einer gewissen Variationsbreite einer bestimmten Lufttemperatur eine bestimmte mittlere Umschließungsflächentemperatur entspricht. Voraussetzung ist aber, dass die Flächentemperaturen ausgewogen sind, störende Wärmestrahlungs-Asymmetrie also fehlt. Von Einfluss sind natürlich auch hier die Breite der individuellen Behaglichkeitszone, das Wärmeisoliervermögen der individuellen Körperschale und die Kleidung und Tätigkeit.

## Eine lästige Störung des thermischen Behagens: Luftgeschwindigkeit

**Auf Luftgeschwindigkeit achten**

Wenn insgesamt in einem Raum thermische Behaglichkeit herrscht, sollte das senkrechte Temperaturgefälle vom wärmeren Kopf- bis zum kühleren Fußbereich kleiner als 3° sein. Sollen Zuglufterscheinungen mit unbehaglicher Kälteempfindung am Körper vermieden werden, dann darf bei bestimmter Lufttemperatur eine zugehörige mittlere Luft-Grenzgeschwindigkeit nicht überschritten werden. Bei höheren Lufttemperaturen, will man unangenehme Wärmempfindungen vermeiden, ist eine bestimmte mittlere Luft-Mindestgeschwindigkeit erforderlich. Grundsätzlich führt eine zu hohe Luftgeschwindigkeit zu thermischer Unbehaglichkeit am

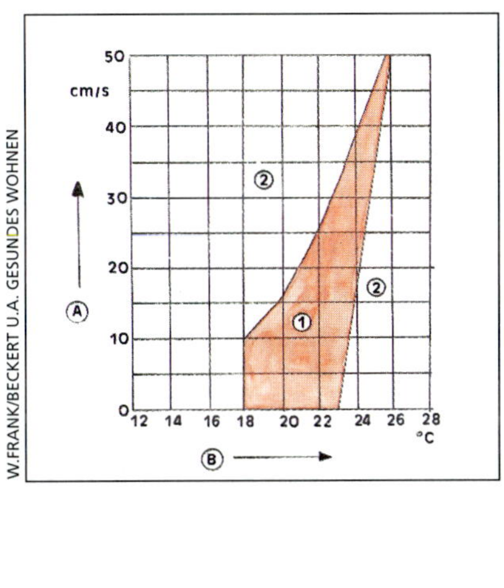


Entscheidend für die Behaglichkeit ist auch das Verhältnis der Raumlufttemperatur zur Luftgeschwindigkeit. A: Luftgeschwindigkeit in cm/Sek. B: Raumlufttemperatur. 1 Behaglich, 2 unbehaglich.

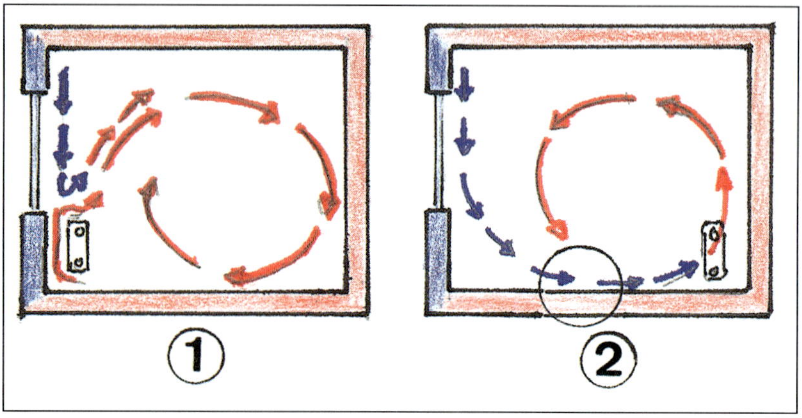


Wie die Raumluft strömt, hängt auch vom Standort des Heizkörpers ab: 1 günstige Anordnung, 2 ungünstig, da es zu Zugbelästigungen im Fußbereich kommt.

**Kritische Lufttgeschwindigkeits-Schwelle**

gesamten Körper, wobei aber lokale Zuglufterscheinungen z.B. an Zug empfindlichen Körperbereichen wie Nacken oder an den Fußknöcheln merklich sind. Hinsichtlich der Zuglufterscheinungen liegt die kritische Luftgeschwindkeits-Schwelle bei 0,1 bis 0,3 m pro Sekunde. Ursache für Zugempfindungen sind allerdings nicht mittlere Luftgeschwindigkeiten allein, sondern auch Schwankungen der Luftströmungen, also Turbulenzen. Lokale Zuglufterscheinungen am Körper durch zu hohe Luftgeschwindigkeit können vor allen Dingen in Fensternähe auftreten.

## Wie wirkt Wärmespeicherfähigkeit auf das Raumklima?

Es ist leicht einzusehen, dass die Speicherung von Wärme in massiven, schweren Wänden einen Einfluss auf das Raumklima ausübt.

Massive Wände mit hoher Speicherfähigkeit dienen dem Temperaturausgleich, sie sparen aber keine Energie ein. Denn die wieder abgestrahlte Wärme musste zuvor erzeugt werden. Anders bei passiver Nutzung der Solarstrahlung durch Fenster und andere Glasflächen.

Die temperaturausgleichende Wirkung speicherfähiger Wände ist aber nicht nur im Winter von Nutzen, sondern auch in

KALKSANDSTEIN-INFORMATION

Zugewinn an Energie und Wärme durch passive Nutzung der Sonnenenergie, schematisch dargestellt: 1 Wetterhaut, 2 Dämmschicht, 3 Speichermasse, 4 Strahlungswärme, 5 Glas, 6 beweglicher Sonnenschutz, 7 bewegliche Wärmedämmschicht, 8 Lüftungsöffnung.

der warmen Jahreszeit: dann kann die Speicherfähigkeit lästige Temperaturspitzen abbauen, indem sie die in den Raum tagsüber durch die Sonnenstrahlung eindringende Wärme zum Teil speichert. In der Nachtkühle, bei belüftetem Raum, geben die Wände die Wärme wieder ab, so dass sie auch am folgenden Sonnentag durch erneute Speicherung wieder ausgleichend wirken können. Bauteile in Innenräumen, die von der Sonne direkt beschienen werden, können fünfmal mehr speichern als nur indirekt erwärmte Wände. Mit der Speicherung solarer Wärmegewinne wird auch Energie gespart, sofern die Heizkörper thermostatisch so geregelt sind, dass sie auf den Wärmezugewinn reagieren.

**Speicherfähigkeit nützt auch im Sommer**

Wie sieht die Situation bei dem sogenannten intermittierendem Heizen aus, also bei zeitweiser Temperaturabsenkung bei Abwesenheit oder bei Nachtabsenkung der Raumlufttemperatur? In Mauerwerksbauten schwankt die Raumlufttemperatur zwischen Tag und Nacht weniger als in Holz-Fertighäusern. In diesen Häusern leichter Bauart erniedrigt sich bei Nachtabsenkung die Oberflächentemperatur im allgemeinen mehr als in Mauerwerksbauten. Die Gefahr, dass sich an Wärmebrücken Kondensat bildet, erhöht sich dadurch. Von Vorteil in Häusern leichter Bauart ist aber, dass sie sich schneller auf-

**Worauf es für das Raumklima ankommt**

- Raumtemperaturen sind individuell im Rahmen von empfohlenen Temperaturen einzustellen, je nach Raumnutzung, Alter und Tätigkeit.
- Innere Oberflächen-Temperaturen der Außenwände sollten sich von den Temperturen der Raumluft möglichst nur um 2 bis 3°C unterscheiden.
- Da es die Raumumschließungsflächen sind, an die der menschliche Körper Wärme abgibt und mit denen es zum Strahlungsaustausch kommt, ist deren Temperatur bedeutsamer für Wohlbefinden und Wärmebilanz des Körpers als die Lufttemperatur des Raumes.

heizen lassen. Die zeitweise Absenkung sollte aber 3°C möglichst nicht überschreiten: die Wände kühlen im Winter sonst zu sehr aus, bei erneutem Aufheizen droht dann Kondensat.

## Auch Sonnenschutz reguliert das Raumklima

**Sonnenschutz will geplant sein**

Thermische Behaglichkeit kann durch zu hohe Temperaturen ebenso gestört werden wie durch zu niedrige Temperaturen. Sonnenschutz verdient deshalb sorgfältige Planung, auch hinsichtlich der optischen Wirkung: die Planung ist gelungen, wenn die Fassade dadurch gewinnt. Sonnenschutz können einfache Rolläden aus stranggepressten Aluminiumprofilen oder aus Kunststoff bieten, doch Rolläden mit Jalousie-Effekt lassen genauere Lichtdosierung zu. Man kann die Lamellen von der geschlossenen in die geöffnete Stellung bringen. Feinabstimmungen gestatten vor allem Außenjalousien: sie halten die Wärme fern.

# Ein entscheidender Aspekt: die Luftqualität

Luftverunreinigungen in Innenräumen gab es schon immer, bis hin zu dem Kohlenmonoxid CO, das bei den unvollständigen Verbrennungsprozessen der Ofenheizung eine Belastung und Gefahr war, mitunter mit tödlichem Ausgang. Die meisten Schadstoffe dieser Art werden erst oberhalb eines Schwellenwertes wirksam. Auch die Dauer der Einwirkung, der chemische Aufbau und die Einwirkungsart sind von Bedeutung, vor allem aber die Dosis. Der berühmte, geniale Arzt Paracelsus wußte schon vor vierhundert Jahren: „All Ding sind Gift und nichts ist ohne Gift. Allein die Dosis macht, dass ein Ding kein Gift ist.“

**Die Dosis ist entscheidend**

Wir können heute unvorstellbar winzige Mengen an Schadstoffen und Luftinhaltsstoffen feststellen, dank der modernen chemischen Analyse. Die immer neue Entdeckung chemischer Substanzen in alltäglichen Stoffen, wo niemand sie vermutet hätte, als eine ständig zunehmende Schadstoffanreicherung zu beurteilen, ist in den meisten Fällen aber ein Missverständnis. Denn häufig handelt es sich um Stoffe, die schon seit jeher Bestandteil unserer Umwelt waren, man hat sie nur nicht feststellen können.

## Formaldehyd

Nun ist es durchaus verständlich, wenn verängstigte, zumindest beunruhigte Zeitgenossen fordern, die zuständigen Behörden sollten auch für Wohn- und Aufenthaltsräume, also für Innenräume, Grenzwerte gesetzlich verbindlich vorschreiben. Am Beispiel Formaldehyd, das die Gemüter stark erregte und dessen Probleme sich von Missverständnissen verzerrt darstellten, lässt sich gut Einsicht in die Schwierigkeiten

### Ein Maßstab für die Bewertung: empfundene Luftqualität

Grenzwerte der Luftinhaltsstoffe in Wohnungen festzusetzen, ist schwierig, wenn nicht gar in der Praxis unmöglich. Deshalb empfiehlt es sich, nach der „empfundenen Luftqualität" zu entscheiden. Als Behaglichkeitsmaßstab basiert sie nicht auf Schadstoffkonzentrationen, sondern auf dem Geruchspegel, den der Raumnutzer empfindet.Sie wird auch Raumlufttemperatur-Anlagen zu Grunde gelegt.

gewinnen. Formaldehyd ist, zeitgemäß gesprochen, ein Bioprodukt, das überall in der Natur vorhanden ist. Seit die Erde besteht, wird es in der Luft durch fotochemische Vorgänge gebildet. Formaldehyd ist in Pflanzen und Obst, in Gemüse und Holz enthalten und ist ein wichtiges Stoffwechselprodukt des tierischen und menschlichen Organismus. Formaldehyd wird wegen seiner Eigenschaften bei der Herstellung vieler alltäglicher Produkte verwendet, von Spanplatten bis Klebern und Lacken. In der Reinluft, also z.B. über Meeren, werden bis zu 0,005 ppm, über ländlichen Gebieten bis zu 0,012 ppm gemessen. Ein ppm entspricht einem Teil Formaldehyd auf einer Million Teile Luft. Die untere Grenze, ab welcher Reizungen bemerkbar sein können, liegt in Innenräumen bei etwa 0,3 ppm. Bereits 3 ppm sind für die meisten Menschen äußerst belästigend und bei längerer Einwirkung kaum zu ertragen. Die Reizwirkung kann Tränenfluß, Husten, Atembeschwerden, Kopfschmerz und Unwohlsein verursachen. Die Symptome verschwinden aber nach Beendigung der Formaldehydeinwirkung. Für Wohn- und Aufenthaltsräume wurde von den Behörden ein oberer Grenzwert von 0,1 ppm Formaldehyd empfohlen. Dieser Grenzwert stellt nach allen Erkenntnissen sicher, dass selbst minimale Schadstoffmengen trotz häufig wiederholter oder langer Einwirkungen nicht zu gesundheitlichen Risiken führen und auch bei besonders empfindlichen Bevölkerungsgruppen wie Säuglingen, Kindern oder Kranken keine Beeinträchtigungen erwarten lassen. Der Wert ist empfohlen, warum aber nicht gesetzlich vorgeschrieben?

**Problematik der Grenzwerte**

Formaldehyd-Konzentrationen in Wohnräumen können aus mehreren Quellen stammen. Doch bereits, wenn in einem 30 $m^3$-Raum mit einer aus Energieeinspargründen verminderten Lüftung z.B. fünf Zigaretten geraucht werden, erreicht die Formaldehydkonzentration 0,23 ppm. Dies ist mehr als das Doppelte des empfohlenen Grenzwerts von 0,1 ppm. Die Durchsetzung dieses Grenzwerts käme also einem Rauchverbot gleich, dessen Einhaltung zudem noch polizeilich überwacht werden müsste. Da bei der Herstellung von Spanplatten für den Möbelbau Leime und Tränkharze verwendet werden, die Formaldehyd enthalten, wurden sogenannte Emissionsklassen festgelegt: nach dem Baubestimmungen der Länder muß die Formaldehyd-Abgabe aus Spanplatten so niedrig sein, dass der 0,1-ppm-Wert in der Raumluft in keinem Fall überschritten wird. Die Platten müssen der Emissionsklasse E1 zugeordnet sein.

**Vorbeugung und sachgemäßer Umgang ist nötig**

Was wir bisher an Fakten aneinander reihten, will die so häufig gehörte angstmachende Behauptung, wir lebten heute in unseren Wohnungen wie in Gifthöhlen entkräften. Nicht aber ist es Absicht der Ausführungen, die möglichen gesundheitlichen Bedenken, die möglichen Gefährdungen durch Luftinhaltsstoffe, durch Baustoffe, zu verharmlosen. Die heutigen Wohnungen erfordern wegen ihrer dichteren Fenster, notwendig dichter wegen der Energieeinsparung, ein bewusstes, geplantes Lüften. Konzentrationen von gesundheitlich bedenklichen Stoffen wie z.B. dem Tabakrauch dürfen sich in unseren Aufenthaltsräumen nicht so anreichern, dass sie gesundheitlich bedenkliche Grenzen erreichen. Vorbeugen heißt also die Forderung. Eine Forderung, die bereits gilt, wenn wir mit ausgasenden Stoffen in unseren Räumen arbeiten: mit lösemittelhaltigen Stoffen z.B. oder Hausshaltstoffen oder gewissen Kosmetika. Ist Arbeiten im Freien nicht möglich, sollte für gründliche Lüftung, gründliches Trocknen und Ausgasen der gesundheitlich bedenklichen Stoffe gesorgt sein. Wachsamkeit also kann Gefahren minimieren.

Gegen die Vorstellung unserer Wohnung als einer Gifthöhle spricht auch die Tatsache, dass unsere Lebenserwartung ständig steigt. Die 100-Jährigen stellen die am schnellsten wachsende Bevölkerungsgruppe dar.

Bevor wir auf des Kernthema dieses Buches, die wirkungsvolle Lüftung eingehen, wollen wir zunächst noch einige wichtige Luftinhaltsstoffe behandeln, die das Raumklima ungünstig beeinflussen können, wenn man sie vernachlässigt.

## Tabakrauch

Leider zählt zu den bedenklichen Schadstoffen in Innenräumen auch der Tabakrauch. Es ist müßig, darauf hinzuweisen, dass der Suchtcharakter des Tabakrauchens ein Verbot erschwerte, müßig auch, daran zu erinnern, wie Krebsspeziali-

### Wann drohen Gesundheitsgefahren?

Hohe Schadstoffkonzentrationen in der Innenraumluft der Wohnräume kommen sehr selten vor. Nur dann aber, wenn schädliche Luftinhaltstoffe sich angereichert und die Schutzmechanismen der Kontaktzone, also die Haut, Schleimhäute des Atemtrakts und Oberflächen der Lungenbläschen, überwunden haben und auf die inneren Organe und Organsysteme einwirken, kann es zu akuten Erkrankungen kommen. Z.B. zu Vergiftungen durch Kohlenmonoxid im Raum mit offener Flamme und unzureichender Belüftung.
Allerdings: die akuten Erkrankungen sind zu unterscheiden von den gesundheitsschädigenden Langzeitwirkungen, wie z.B. durch Tabakrauch, der nicht nur für den Raucher selbst, sondern auch für den unbeteiligten Passivraucher gesundheitsschädigend wirken kann.

sten es tun, dass der Verzicht auf ein Verbot durch die jährlichen Tabaksteuereinnahmen von mehr als 20 Milliarden DM (= 10 Milliarden Euro) zu erklären sei. Tatsache bleibt, dass an tabakbedingten Krebskrankheiten allein in Deutschland, so die Weltgesundheitsorganisation, rund 70000 Menschen sterben, also ein Drittel aller Krebstodesfälle. Zählt man Raucherleiden am Herz-Kreislauf-System und den Atemwegen dazu, sind es pro Jahr weit über 100 000 Tote in Deutschland. Insgesamt lässt sich bei 25 Todesursachen ein Zusammenhang mit dem Rauchen nachweisen. Lungenkrebs ist bei Rauchern inzwischen fast 20 mal häufiger als bei Nichtrauchern. Die Ursache: Tabakrauch enthält insgesamt mehr als 40 krebserregende Substanzen. Ein Exekutivrat der Weltgesundheitsorganisation bezeichnet in einem Bericht das Zigarettenrauchen als die wichtigste vermeidbare Ursache von Krankheiten und vorzeitigem Tod. Als eine besonders schwerwiegende Gefährdung durch die Schadstoffe des Tabakrauchs muss das sogenannte Passivrauchen gesehen werden. Passivraucher sind alle Nichtraucher, die in häuslicher Gemeinschaft mit Rauchern leben: z.B. auch rund 50% der Kinder unter sechzehn Jahren. Wissenschaftler haben festgestellt, dass viele der gesundheitsschädlichen Stoffe des Tabakrauchs, darunter auch mit krebserzeugendem Potential, im passiv inhaliertem, also eingeatmetem Nebenstromrauch in höherer Konzentration enthalten sind als im aktiv inhalierten Hauptstromrauch, den der Raucher einatmet. Der aufs erste überzeugend aussehende Ausweg, nur in einem einzigen Raum der Wohnung zu rauchen, der zudem häufiger gelüftet wird, ist keine Lösung. Warum? Weil der wegen der schlechten Verbrennung besonders mit Schadstoffen belastete Nebenstromrauch von Zigaretten sich in der ganzen Wohnung verteilt. Dem Raucher ist hier seinen nichtrauchenden Familienmitgliedern gegenüber eine Verantwortung aufgebürdet, der er leider durch ausreichendes Lüften allein nicht gerecht werden kann. Sie erfordert eine Entscheidung.

**Den Nebenstromrauch berücksichtigen**

## Kohlendioxid

$CO_2$, Kohlendioxid, oft unkorrekt Kohlensäure genannt, ist ein farbloses, unbrennbares Gas von etwas säuerlichem Geschmack, das in der Luft mit 0,03 Volumen-Prozent enthal-

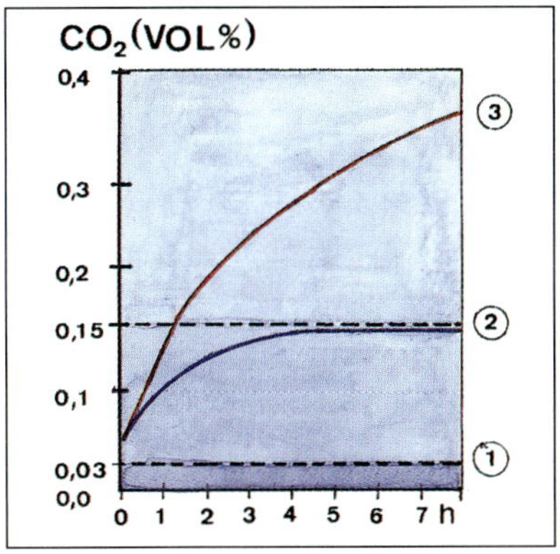


NACH POLYTHERM

Das Kohlendioxid, das die Raumluft belastet, stammt aus der Atemluft des Menschen. Die Grafik zeigt die Luftqualität bei einem 16 m² großen Schlafzimmer von 2,5m Höhe, in dem zwei Personen bei geschlossenem Fenster schlafen. 1 $CO_2$-Gehalt der Frischluft 0,03 %. 2 Hygienischer Grenzwert nach DIN 1946 von 0,15 %. 3 Bereits nach 70 min. hat der $CO_2$-Gehalt der Raumluft den hygienischen Grenzwert überschritten und steigt weiter an. Ein Beweis, wie nötig Lüftung ist.

ten ist und auch in vielen Mineralwässern. $CO_2$ ist eine Schlüsselverbindung im Kreislauf der Natur: Pflanzen brauchen es für ihr Wachstum, im menschlichen Körper kreisen

**Soviel Liter Kohlendioxid ($CO_2$) atmet der Mensch je nach Tätigkeit pro Stunde aus**

| Tätigkeit | ausgeatmeter $CO_2$ -Strom |
|---|---|
| Ruhend | 10...12 l/h |
| Sitzend | 12...15 l/h |
| Leichte Büroarbeit | 19...24 l/h |
| Mittelschwere Arbeit, Gymnastik | 33...43 l/h |
| Tanzen, Tennis | 55...70 l/h |
| Kinder: ca. 70-80% der o.a. Werte | |

QUELLE: DAB 5/93

verhältnismäßig große Mengen. Die vom Menschen ausgeatmete Luft enthält 3 bis 4% $CO_2$. Deshalb kann es zur Belastung der Raumluft werden. Bis zu 2,5% $CO_2$ erträgt der Mensch auch bei stundenlanger Einatmung ohne größere Schädigung, Anteile von 8 bis 10% rufen bereits Kopfschmerzen, Schwindel, Blutdruckanstieg und Erregungszustände hervor. Anteile über 10% können zur Bewusstlosigkeit, zu Krämpfen und Kreislaufschwäche führen. Denn in großen Mengen verdrängt $CO_2$ den Sauerstoff und wirkt erstickend. Man kennt diese Wirkung aus Gärkellern, wo es sich sammelt und seine Dichte 1,5 mal so groß ist wie Luft: dort besteht Lebensgefahr.

## Radon

Das natürlich radioaktive Edelgas Radon mit dem chemischen Zeichen Rn entsteht als Zerfallsprodukt des Urans-238 in der Erdkruste. Radon ist sehr mobil und wandert durch Spalten und Risse an die Erdoberfläche. Wie hoch die Konzentrationen jeweils sind, hängt von den Gesteinsformationen und klimatischen Schwankungen ab. Erhöhte Radonwerte werden in Granitgebieten und in Gebieten mit Gesteinen vulkanischen Ursprungs gemessen. Zum Problem in Innenräumen wird Radon, weil es durch Risse und Fugen im Fundament, durch Kabel- und Rohrdurchführungen in die Kellerräume einströmen kann. Gemessen wird die Radonkonzentration in Becquerel (Bq/m$^3$). Diese Größe ist insofern wichtig, als in ihr auch die Eckwerte für die Radonkonzentration in der Raumluft festgelegt werden. Vom Kellergeschoss strömt Radon über Treppenaufgänge und Kaminschächte in die darüberliegenden Geschosse. Wobei die Radonkonzentration im Keller im Mittel am höchsten ist und nach oben kontinuierlich abnimmt. Durchschnittlich beträgt die Radonkonzentration in Innenräumen das Fünffache der Radonkonzentration in der Außenluft. In weit geringerer Menge kommt Radon auch über Baustoffe ins Haus, die aus mineralischen Rohstoffen bestehen. Zusammenfassend lässt sich sagen, dass in Deutschland Jahresmittelwerte der Radonkonzentrationen in der bodennahen Luft bis 80 Bq/m$^3$ und in Gebäuden bis 250 Bq/m$^3$ normal sind. Messungen in 6000 Wohnungen zeigten, dass nur in 10% der Wohnungen die Konzentrationen über 80 Bq/m$^3$ lagen. Man weiß erst seit wenigen Jahren, dass die Gefahr einer höheren Strahlendosis nicht vom Radon selbst herrührt. Sondern von den Tochterprodukten, den kurzlebigen radioaktiven Zerfallsprodukten des Radon, z.B. vom Polonium-218

**Gesundheitlich bedenklich: die Tochterprodukte**

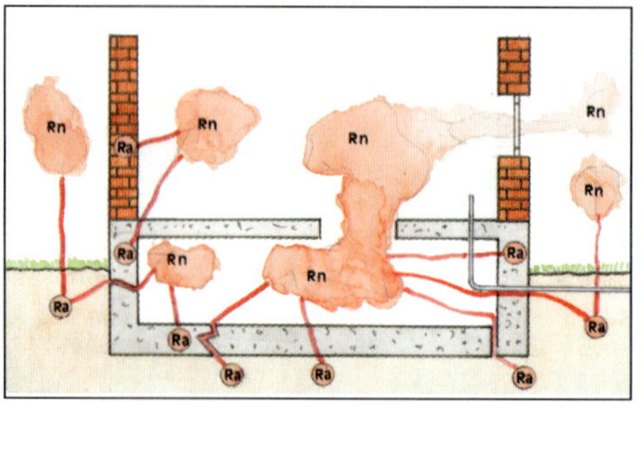


Radon (Rn), ein radioaktives Edelgas, entsteht aus dem Radium (Ra) des Erdreichs, dringt durch Risse und Fugen, durch Kanalisation und Wasserzuleitungen in der Bodenplatte ins Haus, in den Keller und steigt in die höher gelegenen Räume.

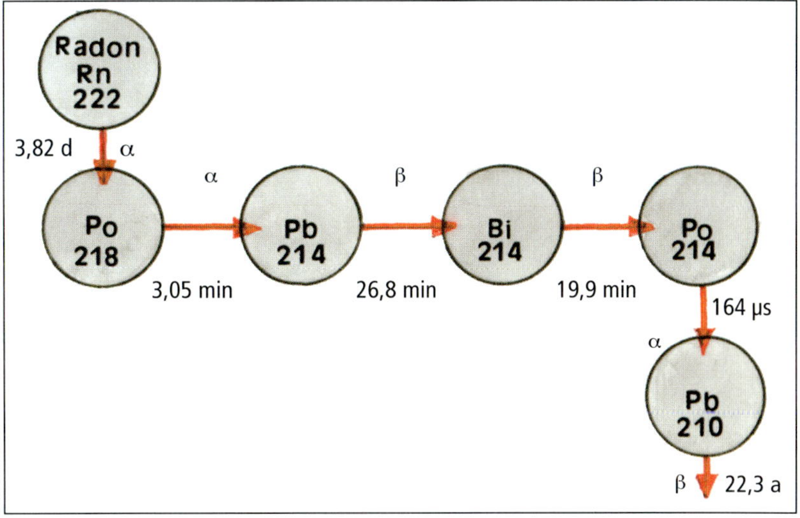


W. JAKOBI/GSF

Das Edelgas Radon belastet die Lunge nur gering durch Strahlung, der weitaus größte Teil der Strahlenbelastung rührt von den radioaktiven Zerfallsprodukten des Radons her, vor allem vom Polonium (Po) 218 und Polonium 214, die sich in der Innenraumluft an Staubpartikel anlagern, eingeatmet werden und sich in der Lunge anreichern. Vor allem die Alpha-Strahlung (α) ist biologisch sehr wirksam und gefährdend.

**Biologisch wirksam durch die Alphastrahlung**

bzw. 214. Sie lagern sich in der Innenraumluft an Staubpartikel an, mit den Staubpartikeln gelangen sie in die Lunge und reichern sich dort an. Da sie nur sehr kurze Halbwertzeiten haben, zerfallen sie zum größten Teil auch in der Lunge. Dabei geht die gefährlichste biologische Wirkung von den Alphateilchen, der Alphastrahlung aus, die eine Bildung entarteter Zellen begünstigen.

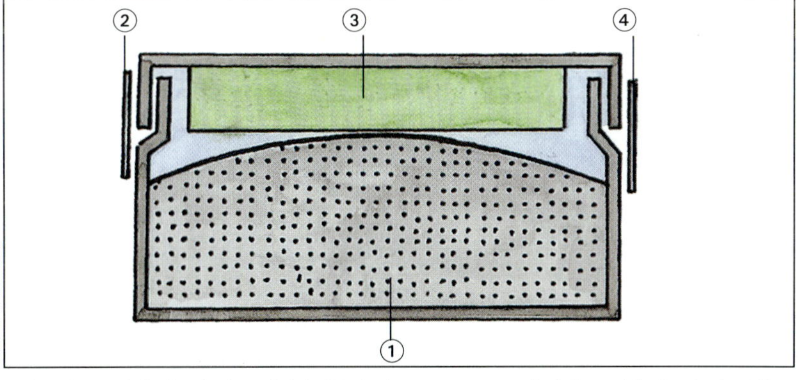


NACH E. HAIDER/GSF

Radon lässt sich durch das Aktivkohledosimeter messen, bei dem sich durch das Filter eindringendes Radongas an der Oberfläche der Aktivkohle (1) anreichert. Die Büchse wird verschlossen durch ein Klebeband (2) und anschließend in einem Messlabor ausgewertet. Die effektive Messzeit beträgt hier zwei Tage. 3 Stützmaterial, 4 Drahtnetz.

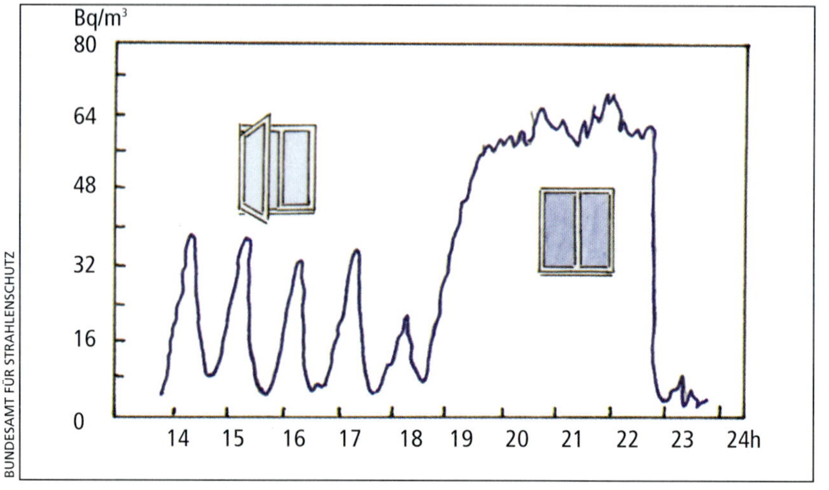


So kann die Radonkonzentration in Wohnungen im Laufe des Tages schwanken. Von 14 bis 19 Uhr wurde das Fenster mehrfach leicht geöffnet, am Abend blieb das Fenster bis gegen 23 Uhr geschlossen. Links die Radonkonzentrationen in Becquerel (Bq) pro $m^3$. Das Beispiel zeigt, wie entscheidend das Lüften ist.

Der Radongehalt in der Innenraumluft lässt sich erheblich vermindern durch häufiges Lüften des Kellergeschosses. Ein Ventilator ist hier wirkungsvoll einzusetzen. Auch gekoppelt mit einem Wärmetauscher. Auch Absaugen des Radons unter dem Fundament zählt zu den wirkungsvollen Maßnahmen, wie auch das Anbringen Radon hemmender Beschichtungen und die Abdichtung offensichtlicher Radon-Eintrittspfade wie Risse, Fugen und Rohrdurchführungen. Radonmessungen bieten verschiedene Forschungszentren und Universitäten an und auch zahlreiche private Firmen. Vergessen wir aber bei allen Überlegungen nicht: Schon der Urmensch hat in seiner Felsenhöhle die radioaktiven Folgeprodukte des Radon eingeatmet. Einen Null-Wert gibt es nicht.

### Außenluft als Belastung der Innenraumluft

Bei der notwendigen Lüftung dringt auch Außenluft mit Luftbeimengungen in den Raum. Allerdings verändern sich die Schadstoffkonzentrationen der Außenluft im Innenraum. Das Reizgas Schwefeldioxid z.B., als Verbrennungs- und Reaktionsprodukt, wird je nach Konzentration und Innenraummaterialien unterschiedlich stark adsorbiert, das heißt in kleinen Teilchen an einen anderen Stoff angelagert. Unverändert allerdings bleibt weitgehend der Staubgehalt der Außenluft, nur der mittlere Korndurchmesser ist in der Regel in Innenräumen niedriger. Wie Stäube verhalten sich auch Mikroorganismen, z.B. Pollen, die Heuschnupfen auslösen. Sie bleiben auch in Innenräumen wirksam.

## Hausstaub

Im Unterschied zu den gasförmigen Verunreinigungen der Raumluft wie Kohlendioxid oder Radon, zählt Hausstaub zu den teilchenförmigen Verunreinigungen der Luft. Man versteht darunter Abriebe von Kleidung, Teppichen, Sitzmöbeln, Gardinen, Papier, auch Abschilferungen der Haut. Von der Haut, aber auch aus dem Atemtrakt der Menschen und Tiere stammen Bakterien, Pilze und Viren. An feuchten Wandstellen

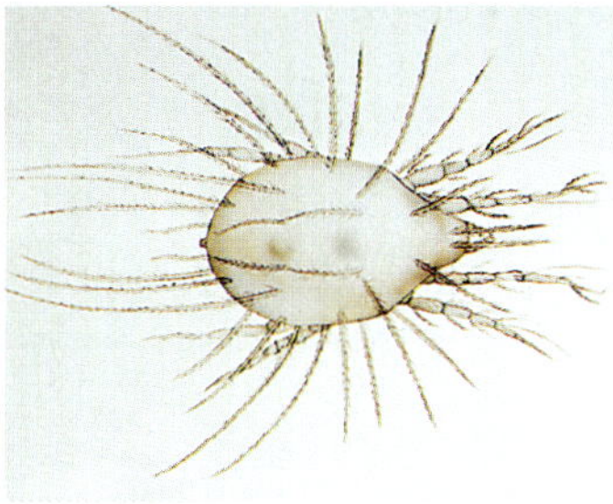
BAYER VITAL

Eine Substanz im Kot der Hausstaubmilbe ist eine der wichtigsten Allergenquellen im Haus. In einem Gramm Hausstaub finden sich bis zweitausend Exemplare dieses 0,35 mm großen, durchscheinenden, mit freiem Auge nicht sichtbaren Spinnentiers, das, harmlos, in unseren Wohnungen allgegenwärtig ist.

können sich Schimmelpilze bilden, die Sporen aussenden. Auch die Topferde von Zimmerpflanzen kann Mikroorganismen an die Raumluft abgeben. Einen meist unterschätzten Beitrag zu den teilchenförmigen Verunreinigungen liefert der Tabakrauch. Und schließlich auch die Hausstaubmilben in Form von Kot. Die Teilchen des Feinstaubs haben Durchmesser von ca. 0,01 µm bis 10 µm (1µm, also Mikrometer = 1 Millionstel Meter oder 1 Tausendstel Millimeter) Um eine Vorstellung von der Allgegenwart des Staubs zu gewinnen, einige Zahlen, nach persönlicher Mitteilung von U.F. Gruber, Basel: Ein Liter Luft, also ein Würfel von 10x10x10 cm, enthält am Meer 85 000 Teilchen, in der Kleinstadt 500 000 Teilchen, in der Großstadt 1 Mio, und in der Nähe eines Rauchers 100 Mio.

**Staubdurchmesser**

Wie bei den anderen belastenden Luftinhaltstoffen ist Lüften, der Durchzug, der wirkungsvollste Weg zur Staubverminderung. Ergänzend freilich ist regelmäßiges gründliches Staubsaugen nötig, mit einem zeitgemäßen Gerät, das über Feinstaubfilter verfügt. Auch sollte man das Aufwirbeln von Staub vermeiden, wie es alte Heizkörper mit ihren hohen Temperaturen verursachen. Abstand dagegen sollte man von Geräten nehmen, wie sie mitunter an der Haustür angeboten werden und Wunder versprechen. Sie sind in ihrer Wirkung sehr umstritten. Wie gesundheitlich belastend Hausstaub sein kann, wurde der Öffentlichkeit durch das Ansteigen der Allergien deutlich, die der Kot der Hausstaubmilbe bei empfindlichen Menschen hervorrufen kann. Die Hausstaubmilben-Allergie wirft unter den Innenraum-Allergien die hartnäckigsten Probleme auf. Dabei ist diese Milbe, ein Spinnentier, eigentlich ganz harmlos und weder Parasit noch Überträger von Krankheit. Sie ist mit bloßem Auge nicht zu sehen, aber in unseren Wohnungen allgegenwärtig. Sie nährt sich von

**Hausmilbe ist allgegenwärtig**

SCHUTZ VOR ALLERGIEN. HRSG. ETG

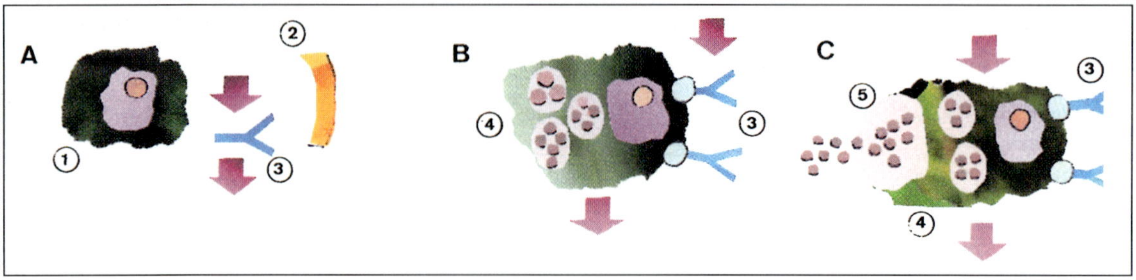


Luftinhaltstoffe wie der Hausstaubmilbenkot oder die Sporen der Schimmelpilze können neben anderen Stoffen aus Haus und Natur bei empfindlichen Menschen allergische Reaktionen auslösen. Bei einem Allergiker kann das Immunsystem nicht mehr über die Gefährlichkeit eines Fremdstoffes entscheiden, sondern schlägt auch bei harmlosen Substanzen Alarm. A Das Allergen, als Fremdstoff, trifft auf die Körperzelle, die Zelle bildet Antikörper. B Die Antikörper heften sich an spezielle Körperzellen (Mastzellen) und warten auf ein erneutes Eindringen des Allergens. C Findet dieser zweite Kontakt statt, dringt also das Allergen erneut ein, trifft es auf Antikörper der Mastzellen. Die Mastzellen setzen entzündungsverursachende Stoffe (Hystamin)frei, die auf Körpergewebe treffen und dort allergische Reaktionen auslösen. 1 Körperzelle, 2 Allergen, 3 Antikörper, 4 Mastzelle, 5 Hystamin.

### Milben gedeihen in Matratzen, Decken und Bettwäsche

menschlichen Hautschuppen, von denen durchschnittlich jeder Mensch pro Tag 1,5 g verliert. Eine Million Milben kann sich davon ernähren. Wie auch von Schimmelpilzen. Hausstaubmilben gedeihen besonders bei Temperaturen zwischen 20 bis 30°C und einer relativen Luftfeuchte von 65 bis 80%. Diese Bedingungen finden sie in Matratzen, Decken und Bettwäsche. Der textile Bodenbelag, der ihretwegen in die Kritik geraten war, bietet ihnen wegen der Umweltbedingungen keinen bevorzugten Lebensraum, sondern wird, wenn überhaupt, mitbesiedelt. Das stellte eine staatlich autorisierte Prüfanstalt für Textilien, das österreichische Textil-Forschungsinstitut in Wien, fest. Diese Untersuchung ergab auch, dass Teppichboden im Wohnbereich den Feinstaub binden und so die Verwirbelung allergieauslösender Materialien verhindern kann. Allerdings ist auch hier regelmäßige, gründliche Reinigung mit modernen Staubsaugern nötig. Das Vorkommen von Milben ist vom Material nicht abhängig: Naturfasern oder Chemiefasern verhalten sich hier gleich. Milben siedeln überall dort, wo Hausstaub vorkommt, also auch in Ritzen und Spalten von Hartböden. Stellt man durch einen Test fest, dass Hausstaubmilben im Bett oder an den Polstermöbeln vorkommen, dann sollten Matratzen, Oberbett, Kopfkissen und Polstermöbel mit einem Mittel gereinigt werden, das akarizid, also gegen Milben gerichtet ist. Bei Bodenbelägen empfiehlt sich generell eine Nassreinigung mit akarizider Wirkung. Auch die Möglichkeit einer akariziden Trockenreinigung nach dem

**Schimmelpilze: bei Allergien zu 31 % beteiligt**

Pulverreinigungsverfahren besteht. Die Milbenpopulationen werden dadurch abgetötet. Da sie sich nur sehr langsam wieder aufbauen, ist diese Behandlung nur einmal jährlich zu wiederholen. Allergische Reaktionen auf die Hausstaubmilben zeigen sich als Augentränen oder Augenjucken, als Fließschnupfen oder in Niesatacken. Husten, Atemnot, Nesselsucht, Ekzeme und ein allergisches Bronchialasthma können in schwerwiegenden Fällen auftreten.

## Schimmelpilze in Innenräumen

Toxikologen und Bauphysikern ist längst nicht mehr zweifelhaft, dass Feuchtigkeit und Schimmelpilze in Innenräumen gesundheitlich viel bedenklicher sind als die anderen Luft-Schadstoffe, die in der öffentlichen Diskussion eine Rolle spielen. Bei allen allergischen Erkrankungen sind Schimmelpilz-Allergene zu 31% beteiligt. Von den 120 000 Pilzarten, die man bisher kennt, finden sich bei Schimmelbildung im Haus einige Gattungen mit mehreren Arten. Schimmelpilze gedeihen am besten bei 85 bis 95% relativer Luftfeuchtigkeit und einer Temperatur zwischen 25 und 35°C. Die Materialbeschaffenheit und die Beschmutzung der Wandoberfläche beeinflussen Schimmelpilzwachstum ebenso wie der pH-Wert, der dem Wachstum zwischen 2 und 8, also sauer bis schwach alkalisch, günstig ist. Bei ausreichender Anlagerung

### Pilzbefall lässt sich vermeiden

- Wenn die Temperatur der Innenoberflächen der Außenwände der Raumlufttemperatur angenähert ist: durch ausreichende Wärmedämmung und Heizung, und sich der Wasserdampf der Raumluft nicht als Wasser niederschlägt,
- wenn die winterliche Temperatur-Absenkung bei Nacht oder bei Abwesenheit die Außenwand nicht zu stark abkühlen lässt,
- wenn der Luftaustausch regelmäßig durch Stoßlüften stattfindet, aber Dauerlüftung durch spaltbreite Öffnung vermieden wird,
- wenn die Türen zwischen beheizten und unbeheizten Räumen im Winter geschlossen bleiben,
- wenn Möbel mindestens 10 cm von den Wänden abgerückt werden, damit die Raumluft zirkulieren kann,
- wenn man großflächige Möbel möglichst nicht an die Außenwand stellt,
- wenn man die Wand hinter Bildern regelmäßig kontrolliert und auch
- der Staubanfall regelmäßig überprüft und entfernt wird. Denn Staub setzt sich besonders an feuchten Stellen ab, und Feuchtigkeit und Staub sind der günstigste Nährboden für Pilze.

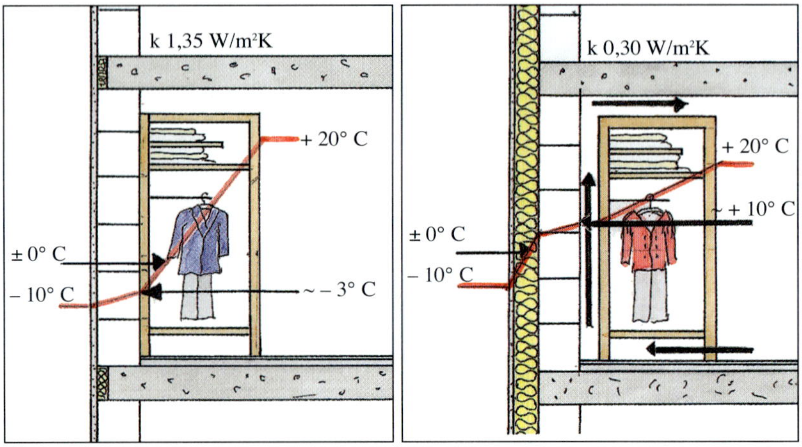


Ursachen für Schimmelbildung: Einbauschränke, auch Schränke an Außenwänden, brauchen eine gute Umlüftung, damit es nicht zu Schimmelpilzbildung kommt. Ein Vergleich der Temperaturen an der Wandinnenoberfläche macht die Ursachen augenfällig. Links: ungedämmt. Rechts: gedämmt. Quelle: nach Kalksandstein-Information

von Stäuben, Fetten und Aerosolen ist sogar die Baustoffoberfläche nahezu untergeordnet. Zum Schimmelpilzwachstum kommt es dort, wo bauphysikalische Mängel, ihre Folgen und falsches Lüftungsverhalten begünstigend wirken: in innenliegenden Bädern wegen zu hoher Luftfeuchtigkeit, in Küchen, in Schlafräumen, in die feuchte, warme Raumluft als Überschlag eingelassen wird und sich an den kalten Außenwänden niederschlägt, an unzureichend gedämmten Außenwänden oder Außenwänden, die durch zu starke Nachtabsenkung zu sehr auskühlten. Auch in Raumecken mit Wärmebrücken und an Stellen, die von der normalen Luftzirkulation nicht erreicht werden und sich deshalb auch nicht genügend erwärmen können: hinter Vorhängen, Wandvorbauten und Möbeln, die an Außenwänden stehen, an Fensterlaibungen und Fensterstürzen. Alle hier beschriebenen Zustände und Verhaltensweisen können zu Kondenswasserbildung führen.

**Auf Luftzirkulation achten**

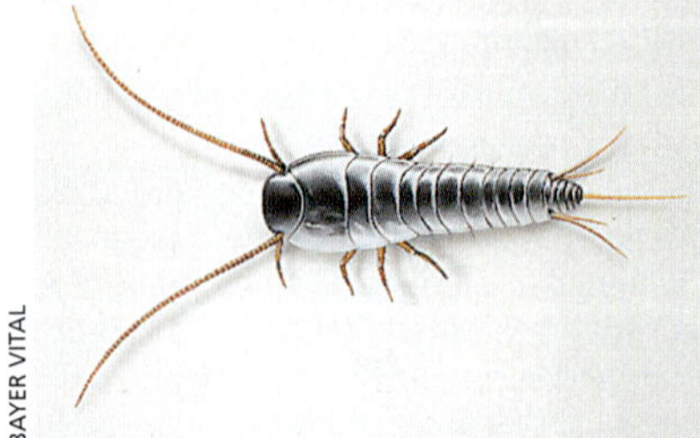


Silberfischchen in der Wohnung zeigen in der Regel an, dass Räume zu feucht und zu wenig belüftet sind. Wo sie auftauchen, ist auch die Gefahr von Schimmelpilzen gegeben.

# Was tun gegen Störung durch Lärm?

Zu den Behaglichkeitskomponenten, von denen das Raumklima abhängt, zählt auch der Schutz vor Lärm, der Schutz vor Außenlärm, wie Verkehr, Industrie, Gewerbe und auch Sportplätze ihn verursachen, sowie vor Lärm im Haus durch Türenschlagen, laute Radiomusik und anderes rücksichtsloses Verhalten. Durch diesen Innenlärm fühlen sich nach einer Befragung 25% gestört. Kann man sich gegen Außenlärm durch den Einbau von Schallschutzfenstern unterschiedlicher Leistung schützen, so ist die Abschirmung gegen Lärm vom Nachbarn eine der schwierigsten Aufgaben am Bau. Vor allem nachträglicher Schallschutz.

### Entscheidend: subjektive Faktoren

Schall ist ein physikalischer Begriff, er ist messbar. Stört Schall die Menschen, spricht man von Lärm. Lärm ist subjektiv und umfasst die Höreindrücke, die belästigen oder gar die Gesundheit stören. Dabei – und dies ist wesentlich – kann auch Schall mit niedrigem Schalldruckpegel als Lärm empfunden werden. Hier spielen subjektive Faktoren eine Rolle: Gesundheitszustand, Stimmung, Einstellung zur Lärmquelle,

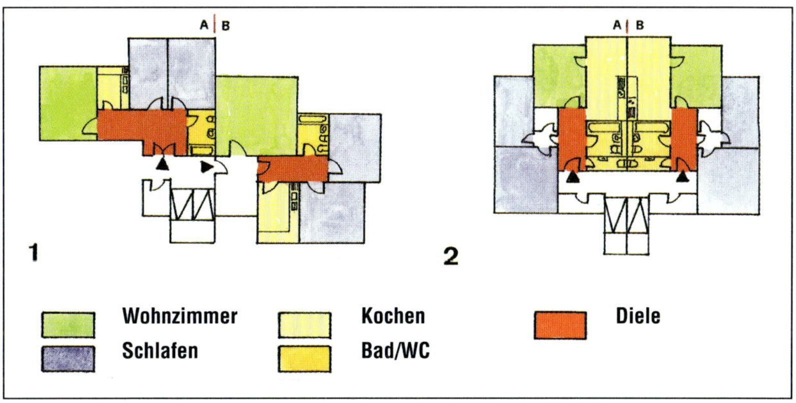


BECKERT U.A., GESUNDES WOHNEN

Schallschutz durch Anordnung der Räume: Prinzip: leise zu leise, laut zu laut. Pufferzonen trennen die leisen und lauten Bereiche. Grundriss 1 ist negativ, Grundriss 2 ist positiv zu bewerten.

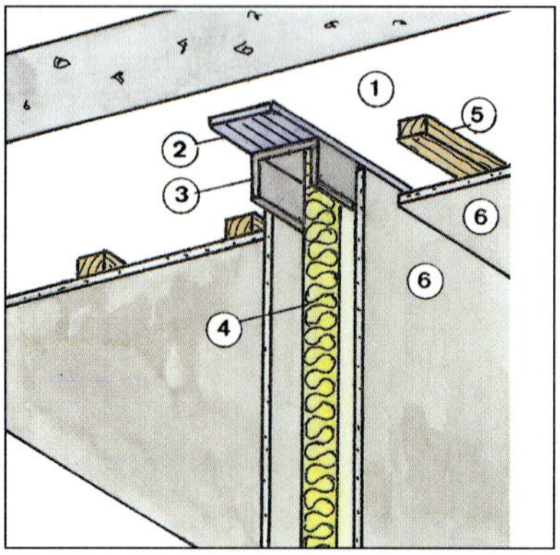


So lässt sich die Schall-Längsleitung einer Unterdecke unterbrechen. Die Zwischenwand trennt sie. 1 Rohdecke, 2 Mineralfaserstreifen, 3 Metallständerwerk, 4 Mineralwolle, 5 Holzkonstruktion, 6 Gipskarton-Platten.

Alter, Tätigkeit. Auch die Frequenz, die Anzahl der Schwingungen pro Sekunde ist von Einfluss. Denn von der Frequenz hängt die Empfindlichkeit des menschlichen Ohres ab: bei gleicher Stärke des Geräusches nimmt das Ohr tieffrequente Töne leiser wahr als mittelfrequente. Sich bei stetiger Schallbelastung damit zu trösten, dass man sich daran gewöhnen werde, ist keine brauchbare Lösung: denn Schall wirkt auch auf die vegetativen Zentren des Stammhirns und beeinflusst dadurch die Regulation der Atmung, den Kreislauf und die Verdauung.

## Luftschall, Körperschall

Grundsätzlich unterscheidet man den Luftschall, dessen Wellen sich in der Luft ausbreiten, z.B. Radiomusik oder lautes Sprechen, vom Körperschall, der sich in festen Stoffen wie Wand und Decke fortpflanzt.

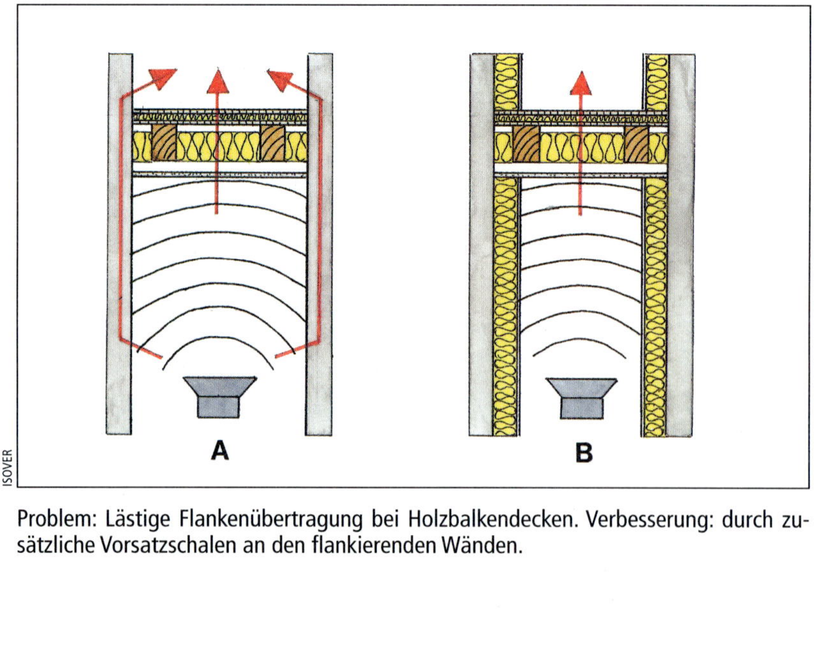


Problem: Lästige Flankenübertragung bei Holzbalkendecken. Verbesserung: durch zusätzliche Vorsatzschalen an den flankierenden Wänden.

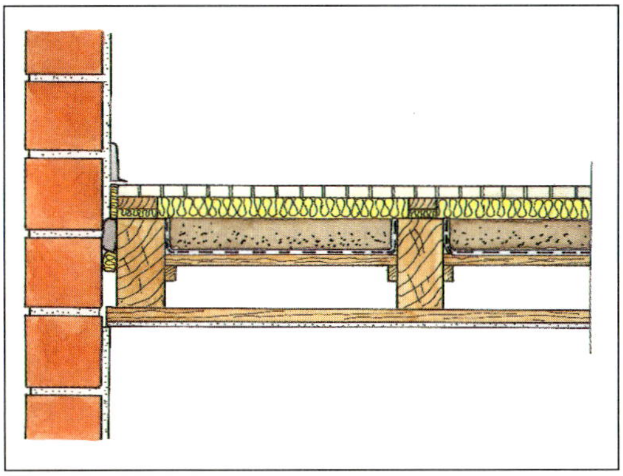

Beispiel einer Trittschalldämmung: der neue Trockenestrich ist von der alten Deckenkonstruktion und der Umschließungswand schalldämmtechnisch durch Mineralwollestreifen getrennt, Schallbrücken sind also vermieden.

Ein erster Schritt gegen die Lärmstörung ist, den Schall am Entstehen oder an der Ausbreitung zu hindern. Wirkungsvoll geschieht es bei der Trittschalldämmung. Dazu wird der Estrich, auf dem der Oberbelag verlegt wird, so eingebaut, dass er weder mit der Konstruktion darunter noch mit den Umschließungswänden fest verbunden ist: Schalldämmende Stoffe vermindern eine Übertragung von Körperschall, weitgehend. Schwieriger ist die Verminderung des Luftschalls, den z.B. eine Stereoanlage erzeugt: er geht in die Wand, pfanzt sich dort fort und tritt in den Nachbarräumen daneben, darüber, darunter wieder als Luftschall hervor. Und selbst wenn man eine Trennwand zwischen Schall erzeugenden und Schall belastetem Raum schalldämmtechnisch verbesserte: auch über die flankierenden Wände, also auf Nebenwegen, breitet sich der Schall aus.

**Ohne Akustiker geht es nicht**

Diese Beispiele machen deutlich, warum die weitaus meisten Schallschutzprobleme ohne Fachingenieur, also ohne Akustiker, nicht zu lösen sind, wenn überhaupt. Vor Selbsthilfe muss hierbei gewarnt werden. Auch Architekten sind in den seltensten Fällen dafür ausgebildet. Die Schwierigkeit der Bauakustik wird auch durch die Dezibel-Skala deutlich, die die Schalldrücke, also die Schallstärken, von der Hörschwelle bis zur Schmerzgrenze in Werten von 0 bis 130 Dezibel (dB) umfasst. Der notwendig logarithmische Aufbau der Skala kann zu Missverständnissen führen. Eine Verringerung des Schalldruckpegels um 10 dB ist nicht linear zu sehen, sondern entspricht einer Halbierung der Lautstärkeempfindung des Ohrs. Entsprechend bedeutet die Erhöhung des Schallpegels um 10 dB eine Verdoppelung der empfundenen Lautheit.

# Heizung und Regelung

Die Raumwärme, die Forderung eines behaglichen, gesunden, Raumklimas schließt die Forderung nach einer funktionsicheren Heizungsanlage ein. Moderne Heizungsanlage heißt: Heiztechnik, die Heizwärme wirtschaftlich und umweltfreundlich unter hoher Nutzung der eingesetzten Primärenergie, also mit einem hohen Jahresnutzungsgrad erzeugt. Auch ermöglicht, diese Wärme so zu verteilen, dass Energieverschwendung vermieden und durch Steuerung und Regelung der Anlage der individuelle Wärmebedarf verlässlich befriedigt wird. Grundsätzlich gilt: Heizkessel die älter als 15 Jahre sind, erfüllen in der Regel nicht mehr die Anforderungen, die

**Alte Kessel austauschen**

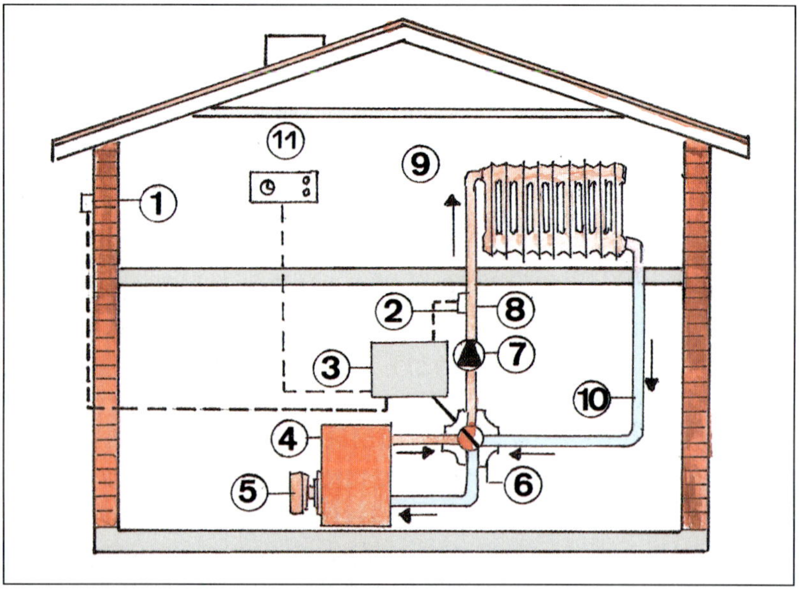


SPARSAMER HEIZEN E.V.

Schema einer witterungsgeführten Heizung mit Regelung über ein Zentralgerät: 1 Außentemperaturfühler, 2 Vorlauftemperaturfühler, 3 Zentralgerät mit Stell- und Stellmotor, 4 Heizkessel, 5 Brenner, 6 Mischer, 7 Umwälzpumpe, 8 Vorlauf, 9 Heizkörper, 10 Rücklauf, 11 Raumgerät mit Schaltuhr und Temperaturfühler.

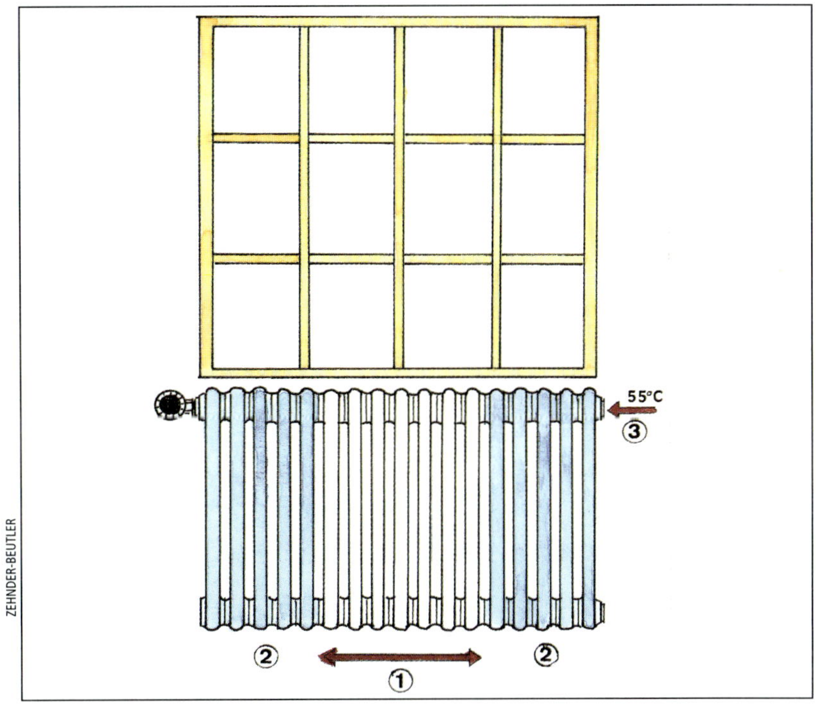


Für einen energiesparenden Niedertemperatur-Heizkessel ist die Heizfläche alter Heizkörper zu klein, um bei der niedrigen Vorlauftemperatur den Raum zu erwärmen. Dazu ist eine größere Heizfläche nötig. 1 Alter Heizkörper, 2 neue Heizkörperflächen.

an eine moderne Heizungsanlage zu stellen sind. Mangelnde Funktionstüchtigkeit ist auch für Eigentümer, für Baulaien an untrüglichen Anzeichen zu erkennen: im Heizungskeller herrschen relativ hohe Raumtemperaturen, der Heizkessel fühlt sich warm an, die Heizwassertemperaturen liegen zwischen 70 und 90°C, der Brenner steht oft still, das macht häufige Brennerstarts nötig und führt dadurch zu erhöhten Schadstoffemissionen. Moderne Heizkessel dagegen haben Wirkungsgrade von über 90%, gegenüber 60 - 70% Nutzung des Brennstoffs bei alten Kesseln. Sie sollten Brennerlaufzeiten von mindestens 1600 - 2000 Stunden im Jahr anzeigen. Kürzere Laufzeiten deuten auf einen zu groß dimensionierten Kessel hin. Den Brenner allein auszutauschen genügt nicht, da Brenner und Kessel aufeinander abgestimmt sein müssen und auch der Schornstein anzupassen ist. Wer sich heute zum Kesseltausch entschließt, sollte einen Niedertemperaturkessel wählen. Warum? Weil Niedertemperaturheizkessel mit einer Heizwassertemperatur zwischen 40 und 75°C arbeiten,

**Niedertemperatur- und Brennwertkessel**

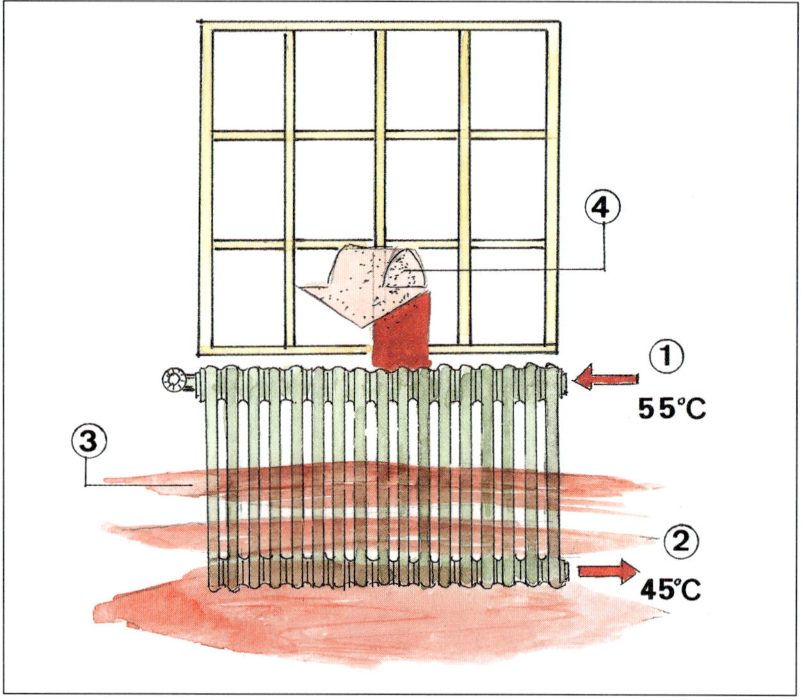


ZEHNDER-BEUTLER

Warum neue Heizkörper für das Raumklima so wichtig sind: 1 niedriger Vorlauf, 2 niedriger Rücklauf, 3 hoher Anteil der behaglichen Strahlungswärme, 4 kleiner Anteil der staubaufwirbelnden Konvektionswärme.

während die Vorlauftemperatur bei alten Heizkesseln bei 90° lag. Das führte bei den alten Heizkörpern zu einem großen Anteil der staubaufwirbelnden Konvektionswärme, auch zu Staubverschwelungen durch hohe Temperaturen.

**Konvektionswärme**

Doch ist auch der Unterschied in der Wärmeübertragung vom Heizkörper in den Raum zu beachten: Man unterscheidet Konvektion von Strahlungswärme.

Der Wärmetransport durch Konvektion beruht auf der Tatsache, dass die Wärme stets zu einem kälteren Ort strömt. Dabei wird zuerst die den Heizkörper umgebende Luft erwärmt, die dann in kühlere Luftschichten aufsteigt. Irgendwann ist der Punkt erreicht, an dem der Luftstrom, abgekühlt, wieder zur ursprünglichen Wärmequelle zurückströmt. Am Heizkörper wird die kühle Luft wieder erwärmt und erneut auf die imaginäre Kreislaufbahn geschickt. Diese Luftzirkulation wirbelt den Staub auf und belastet so unsere Atemwege.

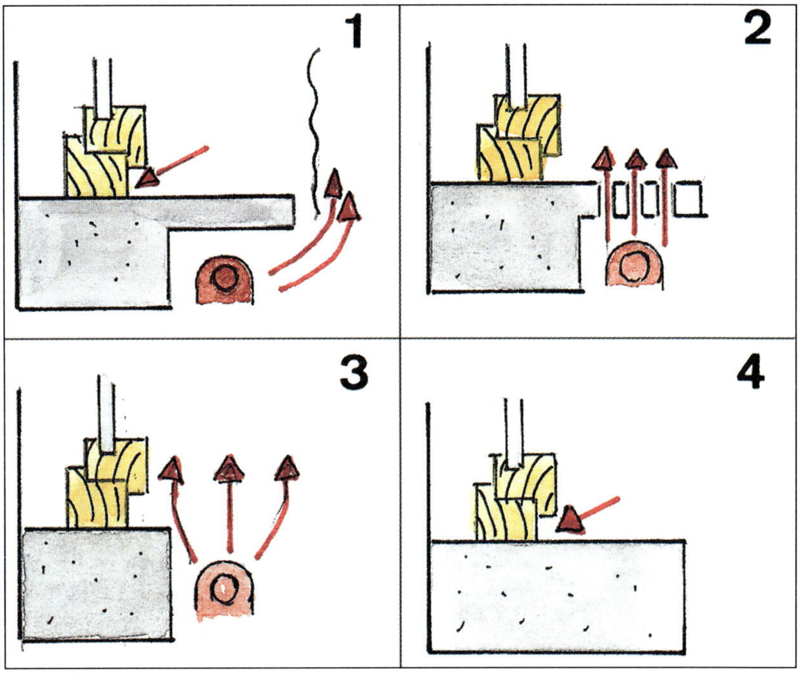


ZEHNDER-BEUTLER

Von der Anordnung der Heizkörper im Fensterbereich hängt es ab, ob sich Tauwasser bildet, weil Winkel und Ecken von der zirkulierenden warmen Raumluft nicht erreicht werden. 1 Niedrige Oberflächentemperatur an Scheibe und Rahmen und tote Winkel im Bereich des Blendrahmens senken die Oberflächentemperatur ab und erhöhen die Tauwassergefahr. 2 Hier kann die Warmluft vom Heizkörper am Fenster entlangstreichen, die Oberflächentemperaturen erhöhen sich, die Tauwassergefahr verringert sich. 3 Auch hier erhöht die am Fenster entlangstreichende Warmluft des Heizkörpers die Oberflächentemperatur und vermindert die Tauwassergefahr. 4 Die große Einbautiefe, wie in vielen alten Häusern vorhanden, führt im Bereich Blendrahmen/Mauerwerk zu toten Winkeln, senkt die Oberflächentemperatur und erhöht dadurch die Tauwassergefahr.

## Strahlungswärme

Bei der Strahlungswärme dagegen erfolgt der Wärmetransport nicht per Luft, sondern über elektromagnetische Wellen. Vergleichbar mit den Sonnenstrahlen werden diese Wellen vom Heizkörper ausgesendet und treffen auf Wände, Decken und Böden. Vom Mauerwerk, vom Bodenbelag und von den Tapeten werden sie aufgenommen und wieder in Wärmeenergie umgewandelt, das heißt, nach einer gewissen Zeit strahlen die Umschließungsflächen eines Raumes ihrerseits Wärme ab. Da bei dieser Wärmeübertragung durch reine Strahlung die Luft nicht als Transportmittel benutzt wird, entsteht keine Staubaufwirbelung. Bei Heizkörpern mit großem Strahlungsanteil und dementsprechend geringem Konvektionsanteil wird die Raumluft zwar niedrig aufgeheizt, die Empfindungstemperatur jedoch bleibt gleich, die Luftfeuchtigkeit unbeeinflusst.

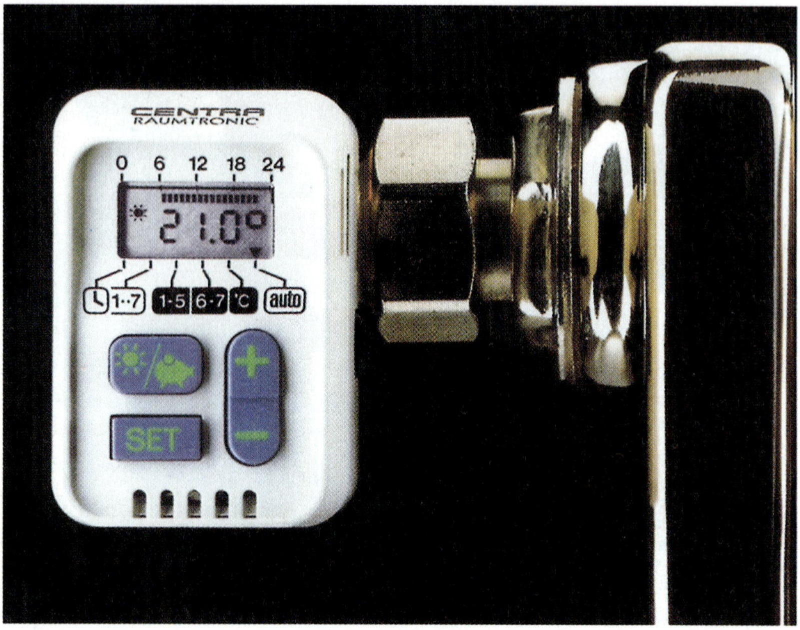


Elektronische Heizkörperregler sorgen Tag für Tag, Raum für Raum für die gewünschte Komforttemperatur zur richtigen Zeit. Wird der Raum nicht mehr genutzt, wird auch nicht mehr geheizt bzw. auf Bereitschaftstemperatur abgesenkt.

Ein entscheidender Teil der Heizungsanlage ist die Regelung. Für das Raumklima, das thermische Behagen, ist sie von allergrößter Wichtigkeit. Ihre volle Funktionsfähigkeit wird sie allerdings nur mit einem darauf abgestimmten neuen Heizkessel erreichen.

**Regelung trägt zum thermischen Behagen bei**

Durch die Regelung ist nicht nur ein zeitgemäß sparsamer und wirtschaftlicher Energieverbrauch möglich: damit sind auch jene Raumtemperaturen exakt zu erzielen, wie sie das indivi-

## Darauf ist zu achten:

- Die teuersten Regelgeräte nützen nichts, wenn sie falsch eingestellt sind.
- Einfache Thermostatventile an den Heizkörpern müssen beim Lüften zugedreht werden. Elektronische Thermostatventile dagegen registrieren das Öffnen der Fenster und schließen automatisch.
- Heizkörper müssen ihre Wärme ungehindert an den Raum abgeben können. Die Wärmeabgabe wird behindert durch Heizkörperverkleidungen, Vorhänge, Möbel usw.

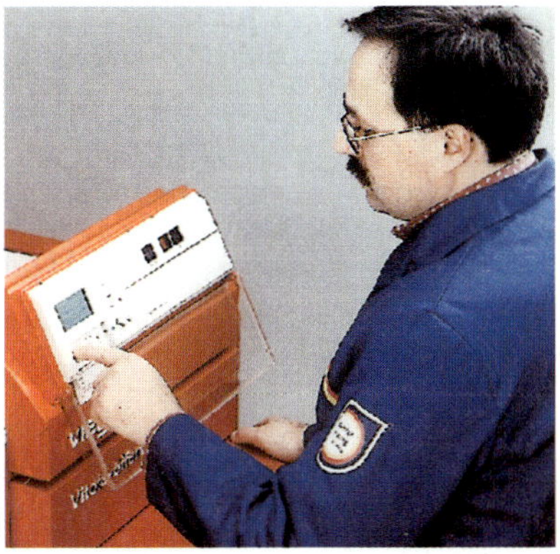


Ein Diagnosesystem in den Regelungsgeräten vereinfacht Inbetriebnahme, Wartung und Service. Das System zeigt Fehler an, ohne dass der Heizungsfachmann lange danach suchen muss.

duelle Bedürfnis erfordert. Sinnvoll ist es, Steuerung und Regelung zu unterscheiden. Die witterungsgeführte Außensteuerung passt die Heizwassertemperatur automatisch der Außentemperatur an, ja schaltet den Kessel ab, wenn keine Heizwärme benötigt wird.

**Viele Möglichkeiten individueller Einstellung**

Die Geräte für die Regelung dagegen, also die Temperatureinstellung nach individuellen Wünschen und nach Raumnutzung, beginnen bei den Thermostaten an den Heizkörpern. Ergänzt werden die Heizkörperthermostate durch die vielen Regelmöglichkeiten eines Zentralgerätes, das auf die Funktionen des Heizkssels einwirkt und auch zeitliche Temperaturabsenkungen nach Bedarf gestattet. Wie gut sich eine Heizungsan-

## Wodurch trägt eine moderne Heizungsanlage zum behaglichen Raumklima bei?

- Lästiges Überheizen der Räume ist ausgeschlossen: Schon der Heizkörperthermostat, als einfachste Ausführung eines Regelgerätes, dosiert die örtliche Wärmeabgabe am Heizkörper.
- Den individuellen Wärmebedürfnissen, deren Befriedigung zum thermischen Behagen führt und dadurch zu gesundem Raumklima, bieten digitale Regelgeräte zahlreiche Programme: zentral und dezentral, durch Zeitschaltungen, Nachtabsenkung, Absenkung am Tag bei Berufstätigkeit oder langer Abwesenheit.
- Allerdings: zu starke Absenkung der Temperatur sollte vermieden werden. Denn zu stark ausgekühlte Innenoberflächen der Wände verbrauchen für das Wiederaufwärmen unnütz Energie und können zu Feuchteschäden durch Kondensation des Wasserdampfs der Luft führen.

Solarsysteme lassen sich auch bei späterer Nachrüstung mit modernen Heizkesseln kombinieren.

VIESSMAN

lage innerhalb eines Behaglichkeitsrahmens regeln lässt, hängt auch von der Bauweise des Hauses ab: in Häusern schwerer Bauart ist die Heizung schwieriger zu regeln als in Häusern mit weniger Masse.

Fachleute rechnen heute damit, dass durch eine moderne Regelung einschließlich Zeitprogramm bis zu 30% an Energie eingespart werden können.

# Lüften – nach Maß und schadensfrei

Ist für die bautechnischen, haustechnischen und bauphysikalischen Voraussetzungen, wie wir sie in den vorausgehenden Kapiteln behandelten, in Planung und Ausführung gesorgt, dann stellt sich die Kernfrage: Wie ist das erreichte behaglich-gesunde Raumklima zu erhalten? Die Antwort scheint einfach: durch Lüftung. Doch zeigt die Praxis, dass Unerfahrenheit und fehlender Einblick in die Zusammenhänge zu kospieligen und ärgerlichen Irrtümern führen können. Das belegt auch der letzte Bauschadensbericht der Bundesregierung, 1996, der die Feuchteschäden mit Schimmelbildung nach dem Einbau neuer, wärmedämmender Fenster in älteren Häusern mit 13% beziffert. Diese alarmierend hohe Zahl bedeutet auch ungesundes, unbehagliches Raumklima in vielen Häusern.

**Soviel wie nötig, so wenig wie möglich**

Wie aber lüftet man richtig? Grundsätzlich: soviel wie nötig, um zu hohe Raumluftfeuchte abzuführen, um Wasserdampfkondensation an den inneren Wandoberflächen zu vermeiden und dadurch Feuchteschäden mit ihrer Schimmelgefahr. Und um eine einwandfreie, hygienische Raumluft zu erzielen. Andererseits: so wenig wie möglich, um den Lüftungswärmeverlust gering zu halten, der bei einem gut wärmegedämmten Gebäude immerhin bis zu 50% des Gesamtwärmebedarfs erreichen kann. Dies deshalb, weil gute Wärmedämmung die Wärmeverluste durch die Außenwand, die sogenannten Transmissionswärmeverluste, stark herab drückt, der Anteil des Wärmebedarfs, um die Lüftungswärmeverluste auszugleichen, in seinem Verhältnis zum Gesamtwärmebedarf des Hauses verständlicherweise aber steigt. Dabei ist zu beachten, dass die freie, natürliche Lüftung durch Öffnen der Fenster der mechanischen, maschinellen Lüftung durch Ventilatoren unterlegen ist: die maschinelle Lüftung gestattet nicht nur, die Frischluftmenge zu kontrollieren, sie kostet auch bis zu 60% weniger

Energie, weil die Möglichkeit der Dosierung die Lüftungswärmeverluste senkt.

Dennoch wird die natürliche Lüftung in den nächsten Jahrzehnten, vor allem in bestehenden Häusern, zweifellos ihren Platz behaupten. Der Mensch ist mit der Lüftung durch Fensteröffnen seit Jahrhunderten vertraut, auch bedeutet ihm die Freiheit viel, die Fenster öffnen zu können, hinaus schauen zu können.

## Fensterlüftung, aber richtig

Wo also über Wohnungslüftung geredet wird, geht es zunächst um die Optimierung der Fensterlüftung, um Anleitung zu einem zweckmäßigen Verhalten. Erst in zweiter Linie wird sich die Frage stellen, ob und wo Systeme der mechanischen Lüftung zur Ergänzung oder als Ersatz einzuplanen sind. Dass Niedrigenergie- oder gar Nullenergiehäuser auf die kontrollierte, maschinelle Lüftung, obendrein mit Wärmerückgewinnung, nicht verzichten können, spricht nicht dagegen. Zumal die Wärmedämmung älterer und alter Häuser zwar wirkungsvoll zu verbessern ist, auch moderne Heizungsanlagen den Energieverbrauch kräftig senken können: den Standard von geplanten Niedrigenergiehäusern werden sie schwerlich erreichen können. Schon aus Kostengründen nicht.

**Frischluftmenge pro Stunde: 10 – 25 m³**

Bevor wir uns mit den beiden Lüftungsarten, natürlich und maschinell, im Detail beschäftigen, noch einige Hinweise, was es mit dem Hauptziel der Lüftung, dem Luftwechsel, auf sich hat. Wissenschaftler haben erforscht, dass jeder Mensch pro Stunde eine Frischluftmenge von 10 bis 25 Kubikmeter benötigt. Für Räume, in denen geraucht wird, erhöht sich der Frischluftbedarf auf ca. 30 Kubikmeter pro Stunde. Ein Luftwechsel in dieser Größenordnung bietet in der Regel Gewähr dafür, dass die Geruchsschwelle in der Raumluft nicht überschritten wird. Sie zu erkennen, bleibt im übrigen auch Sache der Nase.

Als Ausnahmen sind die Küchen zu sehen, die durch Fenster allein in der Hauptnutzungszeit meist nicht ausreichend zu ent- und belüften sind, da die Leistung der natürlichen Lüf-

**Luftwechsel: wie oft?**

Folgende Erfahrungswerte sind für den erforderlichen Luftwechsel pro Stunde empfohlen:

| | |
|---|---|
| Wohnräume | 0,3 - 0,8 |
| Küchen | 0,6 - 1,0 |
| Bäder | 0,4 - 0,8 |
| WC | 0,5 - 1,0 |
| Arbeitszimmer | 0,4 - 0,8 |

Der Luftwechsel 1 pro Stunde bedeutet: die gesamte Raumluft wird pro Stunde einmal vollständig ausgewechselt. Auf die gesamte Wohnung bezogen sollte der Luftwechsel bei großen Wohnungen das ca. 0,5 fache, bei kleinen das ca. 0,7 fache pro Stunde betragen.

tung stark von den Unwägbarkeiten der Witterung und Temperatur abhängt. Hier wird also eine mechanische Lüftung, ein Lüftungsgerät nötig sein, ein Dunstabzug mit Ventilatoren, dessen Leistung zwischen 150 bis 350 Kubikmeter pro Stunde liegen sollte. Ausnahmen bieten auch innenliegende Bäder und WC-Räume, für die Schachtentlüftungen durch Ventilatoren vorgeschrieben, weil unentbehrlich sind. Die Ventilatorleistung sollte für Bäder bei 60 Kubikmeter pro Stunde, für WCs bei 30 Kubikmeter je Stunde liegen. Die Volumenströme, die dadurch entstehen, sind zu berücksichtigen, wenn eine mechanische Lüftungsanlage mit Lufteintritt- und Durchgangsöffnung geplant ist.

Um einem Raum die hygienisch erforderliche Frischluftmenge zu zuführen, sind also stündliche Luftwechsel nötig. Man spricht von einer Luftwechselzahl. Diese Zahl gibt an, wie oft die Luft eines Raumes pro Stunde auszutauschen ist.

**Luftwechselzahl als Richtwert**

Verdeutlichen wir es uns an einem Rechenbeispiel: unser Raum hat ein Volumen von 50 $m^3$ und wird von zwei Personen genutzt. Pro Person besteht ein Frischluftbedarf von 25 $m^3/h$, also für zwei Personen insgesamt 50 $m^3/h$. Da unser Raum, der 4 x 5 m bei 2,5 m Höhe misst, ein Volumen also in gleicher Größe hat, wäre der gesamte Rauminhalt pro Stunde einmal gegen Frischluft auszuwechseln, bei normaler Tätigkeit und Belastung der Raumluft. Man spricht in diesem Fall von der Luftwechselzahl 1. Würden sich in diesem 50 $m^3$-Raum sechs Personen aufhalten und führte man 150 $m^3$ Frischluft in einer Stunde zu, dann entspräche das einer Luftwechselzahl 3. Diese Luftwechselzahl ist schon deshalb als Richtwert für die natürliche Lüftung brauchbar, weil sie das jeweilige Raumvolumen mit der Frischluftrate verknüpft, wobei die Frischluftrate bei Minustemperaturen niedriger liegen kann, bei Außenwärme aber zu steigern wäre.

## Die natürliche, freie Lüftung

Natürliche Lüftung, soll sie unbehindert zu nutzen sein, setzt ein Wohnumfeld voraus, dessen Luftqualität und Geräuschpegel menschliches Wohnen auch bei geöffneten Fenstern weit-

## Die natürliche Lüftung

**Vorteile:**

- Das Fenster öffnen zu können wird als positive Eigenschaft der Wohnung gesehen
- Der Luftaustausch ist erlebbar
- Fensterlüftung ist von früh an eingeübt
- Die Öffnungsarten: Spaltöffnung, halbe Öffnung, völlige Öffnung erlauben ausreichend Anpassung an den Lüftungsbedarf
- Ein mehr oder minder geöffnetes Fenster nachts wird als angenehm empfunden
- Moderne Feinlüftungssysteme, z.B. Fensterfalzlüfter, die auch nachträglich anzubringen sind, sorgen für stetigen begrenzten Luftwechsel bei normaler Nutzung. Nur die Bedarfslüftung ist Aufgabe des Nutzers.

**Nachteile:**

- Zu große Abhängigkeit von den Antriebskräften: Wind und Temperaturunterschiede
- Abhängigkeit von der Fensterunterteilung, die dem Luftaustausch mehr oder minder günstig ist
- Durch geöffnete Fenster dringt Lärm
- Unkontrollierbare Lüftungswärmeverluste,
- Bedarfsunterschiede an Frischluft von Raum zu Raum
- Nächtliches Öffnen der Fenster gefährdet Sicherheit
- Gefahr von Glasschäden bei Zugluft

gehend zulässt. Diese Voraussetzung ist von der Bebauungsplanung und Strukturplanung abhängig, vom Einzelnen aber kaum zu beeinflussen. Wo diese Wohnqualität nicht gegeben ist, sollte man in jedem Fall unter Systemen wählen, die eine Feinlüftung, eine Grundlüftung auch bei geschlossenem Fenster gestatten bezw. maschinellen, schallgedämmten Lüftungsanlagen, auf die wir noch zu sprechen kommen.

**Luftaustausch nicht kontrollierbar**

Die natürliche Lüftung wirft vor allem zwei Probleme auf: der Luftaustausch ist zwar durch bewusste Handhabung abzuschätzen und auch ungefähr zu begrenzen, zu kontrollieren ist er nicht. Aber gerade kontrollierbare Lüftung ist verständlicherweise dort nötig, wo Energie eingespart werden soll: denn winterliche Lüftung z.B. kostet Wärme. Sie sollte nicht mehr kosten als unbedingt nötig.

Das zweite Problem aber, das seinerseits eine kontrollierte natürliche Lüftung beeinträchtigt oder gar verhindert, ist die Abhängigkeit von der Witterung.

**Witterungsabhängigkeit**

Erklärung dafür liefern die physikalischen Gesetzmäßigkeiten, nach denen warme, erwärmte Luft leichter ist als kalte Luft. Lüften ist Luftmasse-Transport. Transport aber ist ohne Energie nicht möglich. Diese Energie spendet die Sonne: sie erwärmt die Erdoberfläche, die Wärme an die darüberliegenden Luftschichten abgibt. Die erwärmte Luft steigt auf, es entsteht darunter ein Bereich niedrigeren Druckes, in den die kalten Luftmassen einströmen. Die warme Luft schiebt sich aber auch über benachbarte kältere Luftmassen. So verstärkt sich deren Druck, beschleunigt sich die Luftbewegung von kalt nach warm: es entsteht Wind. Wind aber ist die erste Antriebskraft für die natürliche Lüftung.

**Temperaturunterschied**

Als zweite Antriebskraft wirkt die erwärmte Luft selbst, durch den Temperaturunterschied zwischen Raumlufttemperatur und Außenlufttemperatur. Wird ein Fenster geöffnet, so ergeben sich unterschiedliche Druckverteilungen oberhalb und unterhalb einer neutralen Zone, wie sie sich aus den Druckunterschieden im Raum ergibt: oberhalb ein Überdruck, unterhalb ein Unterdruck, wenn die Raumtemperatur höher ist als die Außentemperatur. Im Sommer, wenn die Außenluft wärmer ist, kehrt sich die Druckverteilung um. Bei ausgeglichenen Temperaturen gibt es keinen Unterschied der Drücke. Da

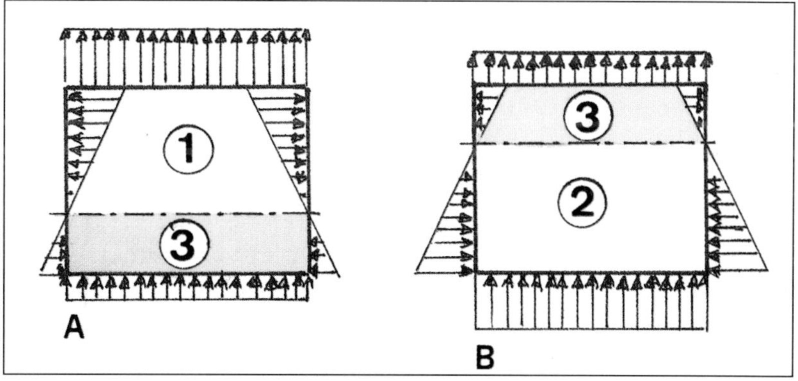


MÄHRLEIN/GRETSCH-UNITAS

Die thermische Raumlüftung basiert auf dem Temperaturunterschied zwischen Raumlufttemperatur und Außenlufttemperatur. Beim Öffnen des Fensters ergeben sich deshalb unterschiedliche Druckverteilungen oberhalb und unterhalb einer neutralen Zone: oberhalb ein Überdruck, unterhalb ein Unterdruck, wenn die Raumtemperatur höher ist als die Außentemperatur. Diese neutrale Zone, in der Lüftungsflügel nur eine geringe Lüftungswirkung haben, ist durch die Fensterkonstruktion manipulierbar. In Abb. A ist dem Überdruck Priorität gegeben, in Abb. B dem Unterdruck. 1 Überdruck, 2 Unterdruck, 3 neutrale Zone.

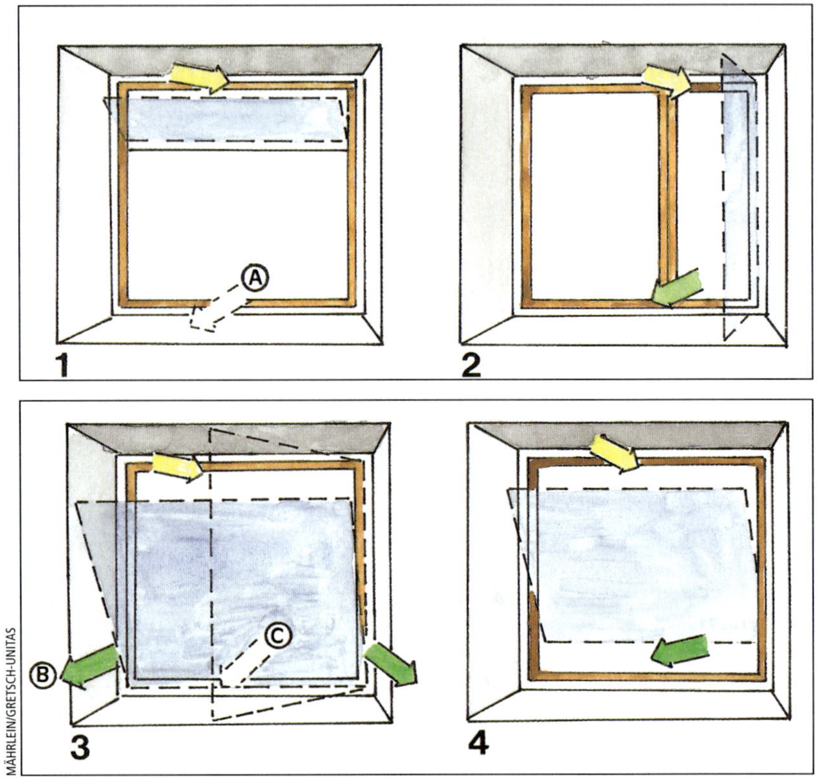


In welchem Maß die natürliche Lüftung funktioniert, hängt auch von der Fensterart ab. 1 Die Oberlichtklappe, durch die Abluft (gelb) entweicht, ist ungeeignet, weil die Zuluft (A) nicht so einströmen kann, dass sich dazwischen eine neutrale Zone zu bilden vermag. 2 Bei einem hohen Lüftungselement, das auch schmal sein kann, kann die Abluft entweichen und die Zuluft (grün) ungehindert einströmen. Dazwischen, also zwischen Überdruck und Unterdruck liegt die neutrale Zone. 3: Befriedigende Lüftungsleistung bei Dreh-Kippflügel, mit überwiegendem Überdruck. B Zuluft bei Kippstellung, C Zuluft bei Drehstellung. 4 Schwingflügel-Fenster mit sehr guter Lüftungsleistung. Die neutrale Zone, auf der Höhe der Drehlager des Fensters, trennt Oberströmung von Unterströmung, also Abluft von Zuluft in gleichen Verhältnissen. Das Fenster lässt sich gut auf den gewünschten Lüftungsbedarf einstellen.

diese neutrale Zone die in Gegenrichtung wirkende Ober- und Unterströmung trennt, ist zu verstehen, warum bei Fenstern Lüftungsflügel in dieser Zone wenig bewirken. Gleichzeitig aber lässt sich auch einsehen, warum ein großer Lüftungseffekt zu erzielen ist, wenn eine Lüftungsöffnung möglichst tief, eine andere möglichst hoch liegt, also der Abstand groß ist. Oder das Lüftungselement, das Fenster, hoch ist, wobei die Höhe mehr zählt als die Breite. Wir verstehen: die Art, in der sich ein Fenster öffnen lässt, ist für die Lüftungswirkung entscheidend. Die Druckverteilung kann dadurch gesteuert wer-

**Auch die Öffnungsart spielt eine Rolle**

## Luftmengen und Luftwechsel bei unterschiedlich geöffnetem Fenster.

| Fensterstellung Größe 1 x 1,2 m | | Luftmenge $m^3/h$ | Luftwechsel pro Stunde/h |
|---|---|---|---|
| Kippfenster | 2 cm Spalt | bis 50 | 0,25 |
| Kippfenster | 6 cm Spalt | bis 130 | 0,65 |
| Kippfenster | 12 cm Spalt | bis 220 | 1,1 |
| Drehfenster | 6 cm Spalt | bis 180 | 0,9 |
| Drehfenster | 12 cm Spalt | bis 280 | 1,4 |
| Drehfenster | 90°geöffnet | bis 800 | 4,0 |
| Gegenüberstehende Fenster | ganz offen (Querlüftung) | | bis 40 |

bei 80 $m^2$ Wohnfläche

LUNOS, BERLIN

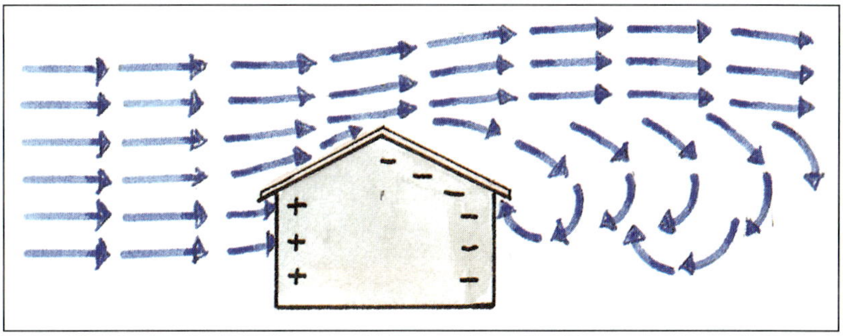

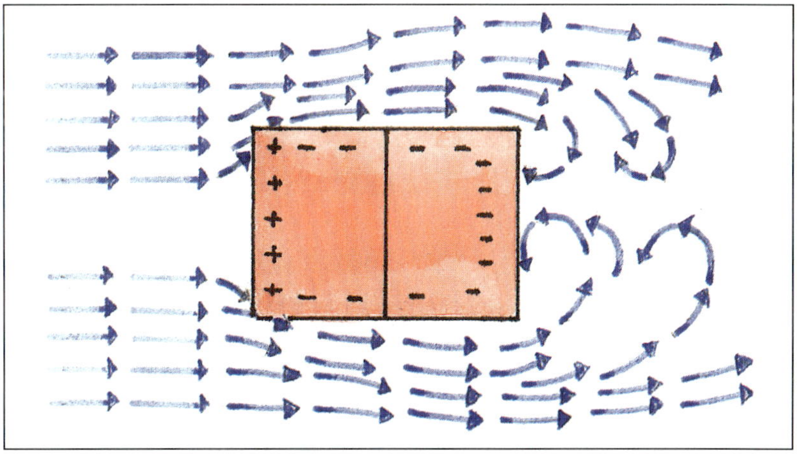

NACH KBE

## Von Einfluss: Windströmungen

Wie wirkungsvoll jeweils die natürliche Lüftung durch Fensteröffnen ist, hängt auch von meteorologischen Randbedingungen und den Windströmungen über und um ein Gebäude ab. Auf der Seite, die den Wind zugewandt ist, entsteht ein Staudruck (Luv 1/3 Druck), auf der windabgewandten Seite ein Unterdruck, Windsog (Lee 2/3 ).

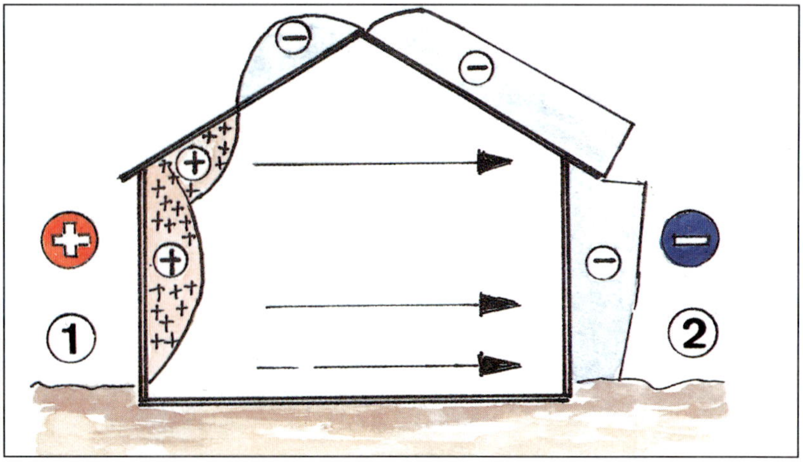


Zwischen Luv 1 und Lee 2 entsteht durch den Wind ein Sog, der zu einer Luftbewegung durch das Gebäude führt. Es kann nötig werden, dass diese Strömungsvorgänge beim Innenausbau, bei der Grundrissplanung und vor allem für die Anlage der Lüftungselemente berücksichtigt werden müssen.

den. Wir verstehen auch, warum eine Verbindung der Fensterlüftung mit einer Schachtlüftung besonders günstig ist: weil die beiden Öffnungen weit auseinander liegen, also eine gute Hebelwirkung entsteht. Die damit beschriebene thermische Raumlüftung durch Druckunterschiede, also Temperaturspreizung zwischen Raumluft und Außenluft, ist wirksam beim einzelnen Raum einzusetzen. In der kalten Jahreszeit lässt sich ihre Wirkung der Windlüftung bei einer Windstärke von 2 bis 3 Beaufort, also leichte bis schwache Brise, bei der sich Blätter und dünne Zweige bewegen, vergleichen. Doch können beim Einzelraum natürlich auch beide Antriebskräfte, also thermische und Windantrieb, auftreten oder die Windlüftung kann vorherrschen.

**Windlüftung als Antrieb**

Der Antrieb der Windlüftung, die Windströmung ums Haus, ist keine gleichmäßige Luftbewegung. Sie ist abhängig von der Windstärke, der Windrichtung und bewirkt am Gebäude unterschiedliche Druck-, Sog- und Strömungsverhältnisse. Auch die Bebauung des Umfelds wirkt darauf ein. Auf der Gebäudeseite, die dem Wind zugewandt ist (Luv) entsteht ein Druck, auf der Wind abgewandten Seite (Lee) ein Sog. Sie stehen zueinander im Verhältnis 3 zu 1. Vor allem sind die vorherrschenden Windrichtungen zu berücksichtigen.

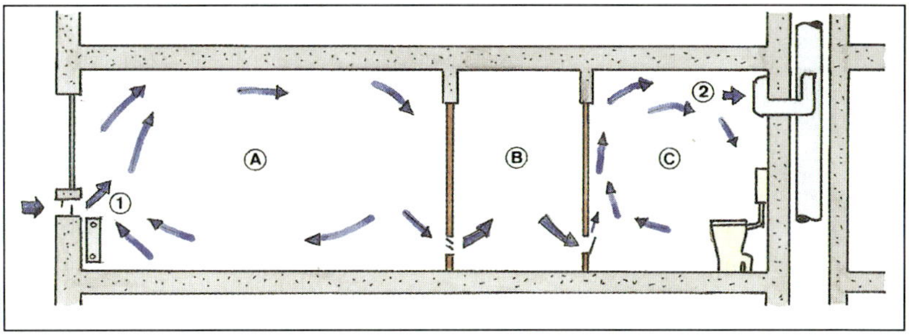


Windlüftung, als Querlüftung durch die Wohnung, muss so geplant werden, dass die Frischluft in die Schlaf-, Wohn- und Aufenthaltsräume einströmt, durch Flure, Bäder, WC-Räume und Küchen nutzungsgerecht geführt und von dort ins Freie geleitet wird. 1 Außenluftdurchlass über dem Heizkörper, 2 Abluftventilator, A Schlafzimmer, B Flur, C WC. Die Türen haben Überströmöffnungen.

## Luftströmung durch das Gebäude

Zwischen Luv und Lee findet ein Druckausgleich statt: in Form einer Luftströmung durch das Gebäude. Voraussetzung: Undichtigkeiten der Gebäudehülle und des Innenausbaus, wie bei alten Bauten oft. Dieser Ausgleich führte früher zu der sogenannten Fugenlüftung oder Selbstlüftung, die unkontrollierbare Wärmeverluste bewirkte. Sie kann natürlich auch Ursache sein, dass Gerüche im Haus einen unerwünschten Weg nehmen. Deshalb: Windlüftung, als Querlüftung durch die Wohnung, muss durch die Raumanordnung so geplant werden, dass die Frischluft in die Schlaf-, Wohn- und Aufenthaltsräume einströmt, durch Flure, Bäder, WC-Räume und Küchen nutzungsgerecht geführt und dort ins Freie geleitet wird, z.B. über die Schachtentlüftung in Küchen und Sanitärräumen, die auch zu geringen natürlichen Antrieb verstärken können.

Grundsätzlich gilt: als Antrieb für eine natürliche Lüftung reicht eine schwache Brise aus, vorausgesetzt, der Abstand zwischen Lufteintritt in die Wohnung und Entlüftungsschacht überschreitet nicht das Fünffache der lichten Raumhöhe, also in der Regel 12,5 bis 15 m. Zu beachten ist: die thermische Lüftung, wie wir sie beschrieben haben, eignet sich für einen einzelnen Raum, die Windlüftung bezieht sich immer auf die gesamte Wohnung oder das Haus. Unsere notwendig wärmedämmenden modernen Fenster sind, wie bereits behandelt, fast dicht: eine Fugenlüftung ist ausgeschlossen. Musste man früher, bei alten Fenstern mit 30 m Fugenlänge, insgesamt mit einem Luftdurchgang von 66 $m^3/h$ rechnen, so lassen moderne Fensterfugen, ebenfalls 30 m Fugenlänge, nur 5,0 $m^3/h$ durch. Die Vorschrift lautet: In Gebäuden bis 8 m Höhe darf nicht mehr als 2 $m^3$ Luft pro Stunde über 1 m Fensterfuge transportiert werden. Bei Gebäuden über 8 m Höhe nicht mehr als 1 $m^3$. Dies gilt bei einer Windgeschwindigkeit von 4 m/sec.

**Feinlüftungssysteme**

Zu dichte Fenster aber führen dazu, die belästigenden und schädlichen Stoffe der Raumluft schnell ansteigen zu lassen. Dieser Gefahr zu hoher Konzentrationen zu entgehen, wurden in den letzten Jahren verschiedene Systeme entwickelt, die einen ständigen, niedrig gehaltenen Luftaustausch auch bei geschlossenem Fenster gewährleisten. Bei diesen Konstruktionen wird die Luft z.B. über Blendrahmen und Flügel geführt,

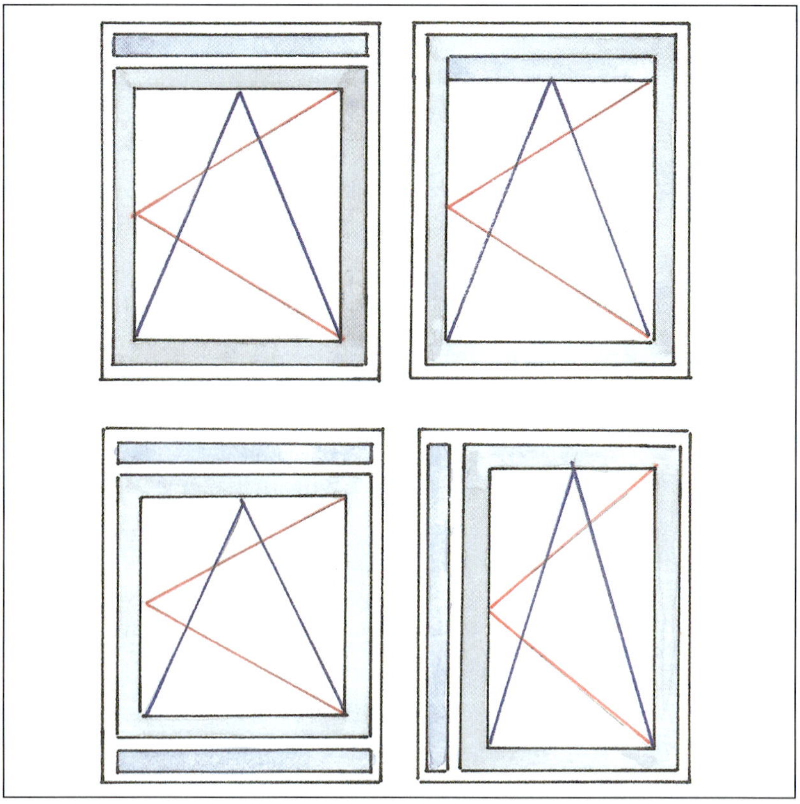

WOLTER/KOPF/SCHOCKER/GRETSCH-UNITAS

Dosierlüfter für die kontrollierte Be- und Entlüftung in der Heizperiode können als Zusatzelement gemeinsam mit dem Fenster, ohne weitere Öffnung in der Gebäudehülle, eingesetzt werden. Die waagrechte Anordnung eignet sich für den Luftaustausch bei Antriebskräften infolge Wind, der senkrechte Einbau berücksichtigt zusätzlich den Antrieb durch Druckunterschiede, also bei thermischer Lüftung.

unter Beachtung des Schallschutzes. Um die Druck- und Sogbewegungen von verschiedenen Seiten des Gebäudes zu nutzen, müssen alle Fenster einer Wohnung damit ausgestattet sein. Dosierlüfter, als Zusatzelement, sind ebenfalls im Blendrahmen, im Glasfalz des Fensterflügels oder der Fensterverglasung einzusetzen.

**Dosierlüfter und Fensterfalzlüfter**

Waagrechte Anordnung der Dosierlüfter führt zu wirksamem Luftaustausch bei Antriebskräften infolge Wind. Senkrechter Einbau berücksichtigt zusätzlich den Antrieb durch Temperaturunterschiede. Die neutrale Zone liegt dabei in halber Elementhöhe.

Neuerdings gibt es auch ein System, das als Fensterfalzlüfter auch nachträglich in viele Kunststoffenster namhafter Fabrikate einzubauen ist. Das Lüftungsaggregat liegt verdeckt, arbeitet bei geschlossenem Fenster und ist weder von innen noch von außen sichtbar. Dieser Fensterfalzlüfter reguliert den Luftvolumenstrom automatisch je nach Windstärken. Bei den üblichen Windstärken in Deutschland ist der Lüfter voll geöffnet, bei Verdoppelung der Windgeschwindigkeit wird etwa der gleiche Volumenstrom durch die automatische Lüfter-Regulierung eingehalten. Es werden durch den Lüfter weder die Wärmedämmwerte noch die Schalldämmung gegenüber Fenstern ohne Lüfter vermindert. Worin liegt nun der Nutzen für den Bewohner des Raumes: er trennt die Feinlüftung, die man mitunter auch als Grundlüftung bezeichnet, von der Bedarfslüftung in einer Weise, dass die Feinlüftung Aufgabe des Bauteils Fenster ist und nur die Bedarfslüftung Aufgabe des Raumnutzers. Also z.B. die Lüftung bei höherem Schadstoffanfall wie z.B. nach Familientreffen oder Partys. Damit sind, wie die Praxis zeigt, einige Probleme der natürlichen Lüftung vom Tisch.

## Natürliche Lüftung (Fensterlüftung) in der Praxis
## Einige Beipiele:

Fenster können auf verschiedene Weise der Lüftung dienen: 1 Stoß-Lüftung, 2 Kipp-Dauerlüftung, 3 Kipp-Spaltlüftung, 4 Dosierlüftung im Glasfalz, 5 Zwangsbelüftung.

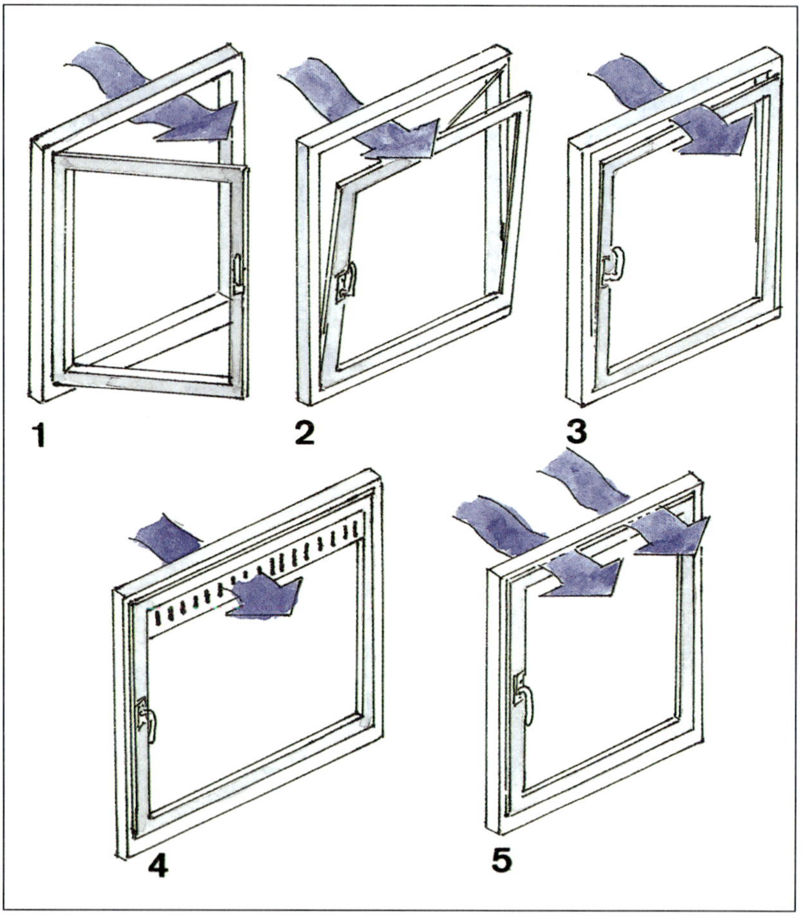


SCHÜCO

Unten links:
Spaltlüftung. Ein 6 cm breiter Lüftungsspalt erneuert pro Stunde bis zu 130 m³ Luft. Bliebe das Fenster eine Heizperiode lang angekippt, dann brauchte man 6000 l Heizöl, um die ausgetauschte Luftmenge aufzuwärmen. Deshalb: keine Dauerlüftung in der kalten Jahreszeit.

Unten rechts:
Stoßlüftung bei völlig geöffnetem Fenster. In der kalten Jahreszeit sollte die Stoßlüftung 5 Minuten nicht überschreiten, um zu verhindern, dass auch die Wände und Gegenstände im Raum auskühlen.

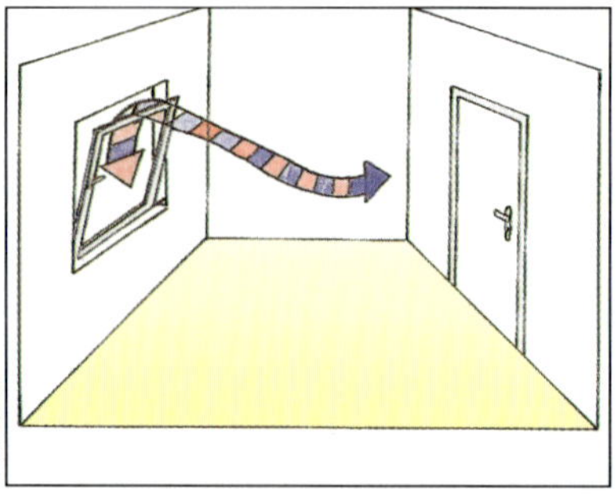

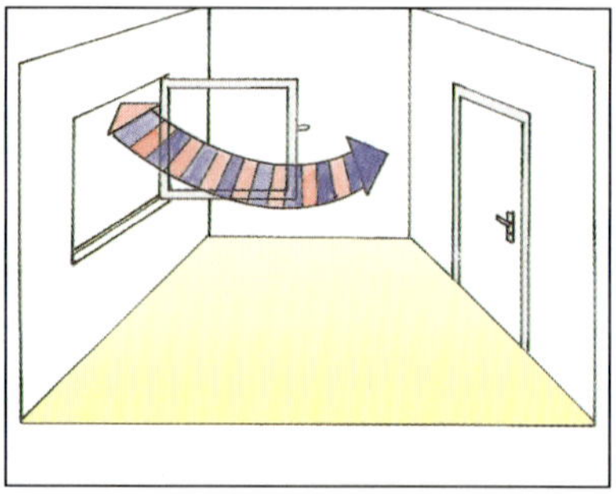

NACH LUNOS

Die ergiebigste Lüftung: Stoßlüftung als Querlüftung, also bei offenen Fenstern und Türen, die einander gegenüber liegen oder über Eck angeordnet sind. So lässt sich dann auch die sommerliche Windströmung voll nutzen, deren Geschwindigkeit zwischen 0,4 und 2,5 m/sec. schwankt. In 2-4 min. ist dann je nach Witterung ein Luftwechsel zu erzielen, also die gesamte Raumluft einmal auszutauschen.

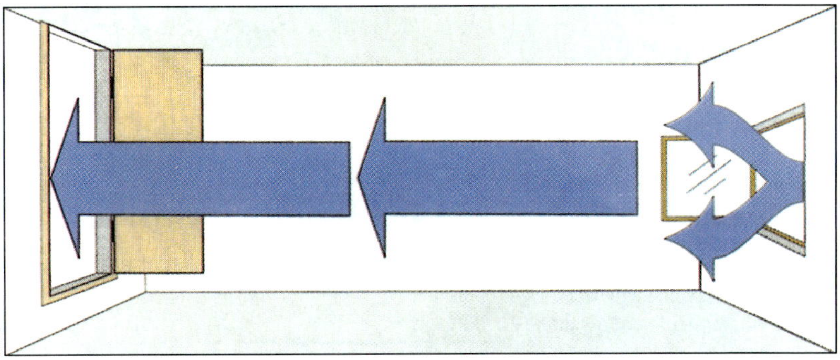
BAKA

Querlüftung oder Lüfung über Eck sollte in jeder Wohnung möglich sein. Ausnahme: Lüftungseinrichtung mit Lüftungsleitungen, die für jede Wohnung eine getrennte Lüftung ermöglicht. 1 Querlüftung, 2 Lüftung über Eck, 3 Lüftung mit Lüftungseinrichtungen.

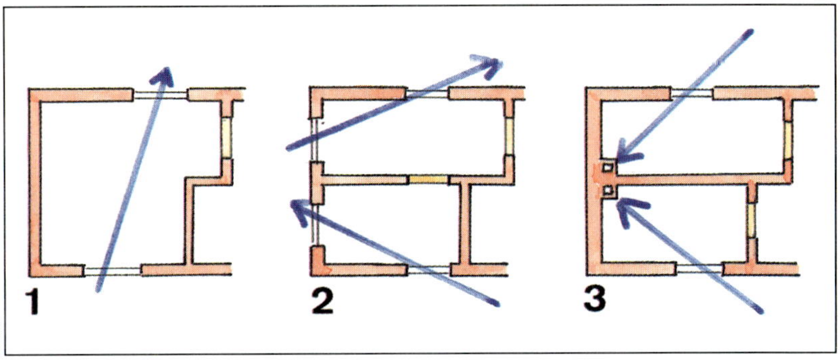

LUNOS

Bei der Zuluftführung ist die Luftgeschwindigkeit im Aufenthaltsbereich eine entscheidende Größe. Je höher die Raumtemperatur, desto größer darf die Luftgeschwindigkeit dort sein. Die Graphik zeigt, welche Luftgeschwindigkeiten im Behaglichkeitsbereich bleiben. A Luftgeschwindigkeit in Kopfhöhe in m/sec., B Raumlufttemperatur.

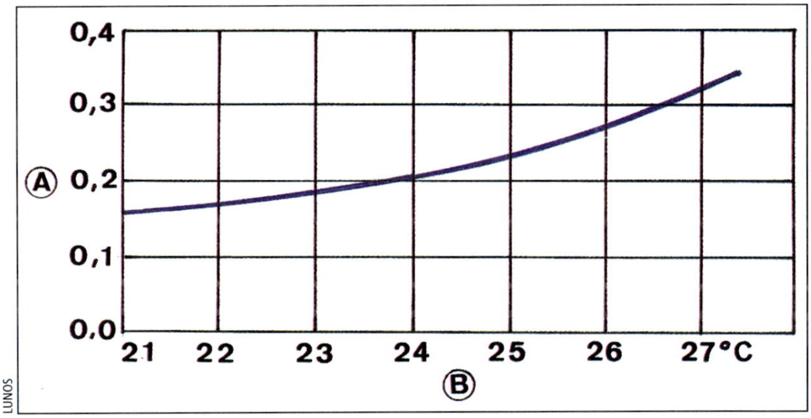

LUNOS

1 Prinzip der thermischen Raumlüftung, angetrieben durch die Temperaturunterschiede zwischen innen und außen, hier in der warmen Jahreszeit, bei Windstille. Sie ist stets auf den einzelnen Raum bezogen, 2 Querlüftung bei Wind von A nach B. Windlüftung muss stets für die Wohnung als Gesamtheit, für das ganze Geschoss oder für das ganze Gebäude geplant werden.

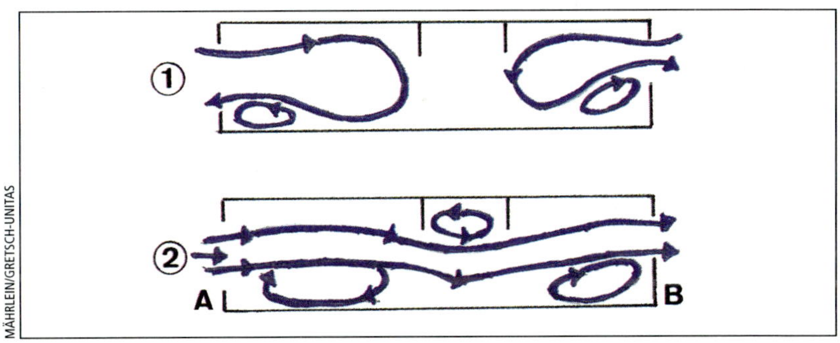

MÄHRLEIN/GRETSCH-UNITAS

Wirkungsvergleich verschiedener Lüftungsarten nach 10 Min. 1 verunreinigte Raumluft, 2 Frischluft, A 100% verunreinigte Raumluft, B Selbstlüftung bei geschlossenen Fenstern und Türen durch Undichtigkeiten, 6% Frischluft, C Dauerlüftung durch ständig leicht geöffnetes Fenster durch Spaltlüfter oder mittels Kipp-Beschlägen, 38% Frischluft. Geeignet als Sommerlüftung, wenn die Temperaturen draussen und drinnen ausgeglichen sind. D Stoßlüftung, Durchzug durch geöffnete, gegenüberliegende Fenster, 100% Frischluft. Der Durchzug ist im Winter zu empfehlen, weil durch schnelle Lüftung die Wände, Decken und Möbel ihre Eigentemperatur weitgehend behalten.

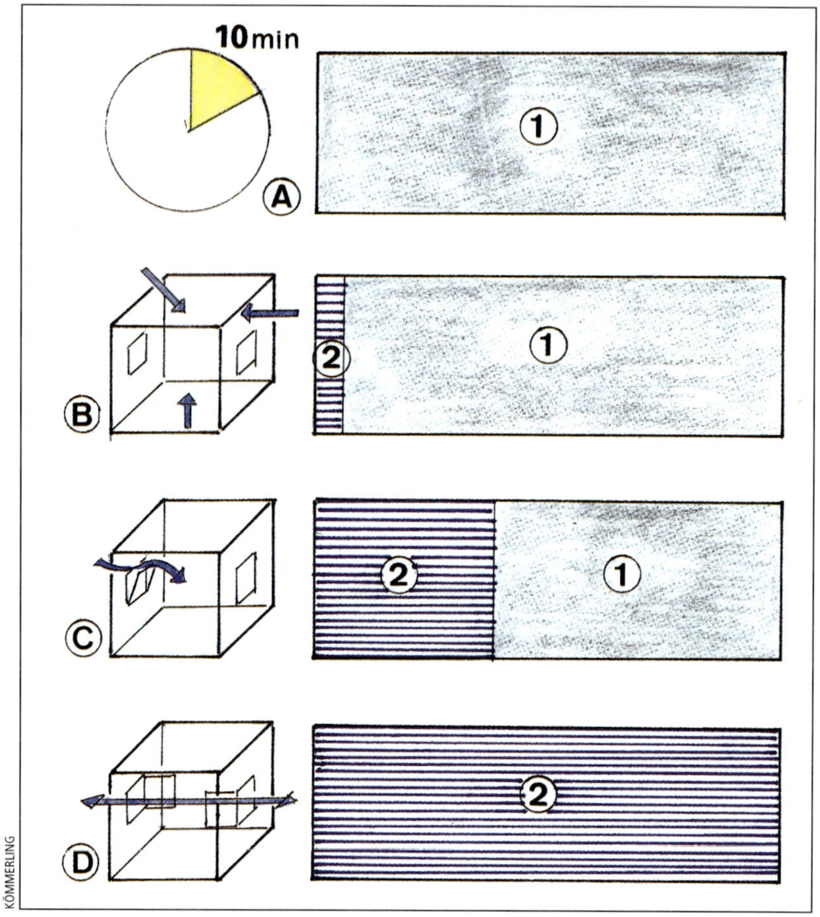


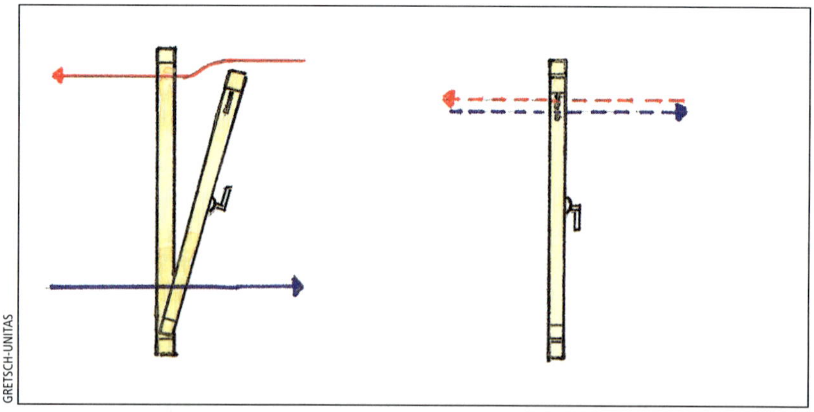


Drehkippfenster und Dosierlüfter im Vergleich. Bleiben Fenster und Lüfter geschlossen ist der Luftaustausch von 0,9 m³/h zu wenig für die Belüftung. Das Fenster in Lüftungsstellung ergibt mit 550 m³/h einen zu hohen Luftaustausch in der Heizperiode. Mit dem Dosierlüfter, der stufenlos regulierbar ist, wird ein bedarfsgerechtes und wirtschaftliches Ergebnis erzielt: bis 80 m³/h.

## Die mechanische Lüftung

Einen anderen Weg, die Schwächen der natürlichen Lüftung: ihre Unkontrollierbarkeit, die Gefahr zu hoher Wärmeverluste und die Witterungsabhängigkeiten, die sie mitunter zum Erliegen bringen kann, zu überwinden, bieten die Systeme der maschinellen, mechanischen Lüftung, bei denen Ventilatoren den nötigen Antrieb erzeugen. Mit geeigneten Steuergeräten ausgerüstet, lässt sich die Betriebsweise den Bedürfnissen der Bewohner verlässlich anpassen. Das kann durch eine maschinelle Einzellüftungsanlage pro Raum oder Wohneinheit geschehen, wie sie bei energiebewußten Bauherren und Modernisierern an Bedeutung gewinnt. Oder durch eine zentrale Anlage für mehrere Wohnungen. Die preiswerteste Lösung für außen liegende Räume bieten Außenwand- oder Fensterlüfter. Sie können Ent- wie auch Belüftung übernehmen. Allerdings muss bei motorischer Belüftung die einströmende Frischluft erwärmt werden. Innenliegende Räume werden in der Regel über Dachentlüfter mit Frischluft versorgt, durch Rohre, die meist in Schächten mit andern Ver- und Entsorgungsleitungen geführt werden. Bewährt hat sich auch die Kombination der Grund- oder Feinlüftung mit der Bedarfslüftung. Wobei sich

### Was spricht für mechanische Lüftung?

- Unabhängigkeit von den Antriebskräften der natürlichen Lüftung: Windströmung und Temperaturunterschieden
- Luftaustausch wird kontrollierbar
- Außenluft-Volumenstrom ist auf die Bedürfnisse der Bewohner abgestimmt
- Anpassung der Lüftung an die jeweilige Luftverschlechterungsrate der einzelnen Räume: Zuführung der Frischluft in Wohn- und Schlafräume, Führung der Luft über Nachströmgitter in den Türen zu den Räumen mit höherer Luftverschlechterung wie Bad, WC und Küche, wo die verbrauchte Luft abgeführt wird
- Winterliche Frischluft kann vorgewärmt werden
- Lüftungswärmeverluste lassen sich durch Wärmetauscher verhindern: der verbrauchten Abluft wird Wärme entzogen, mit der die Zuluft vorgewärmt wird.
- Zu starke Abkühlung der inneren Wandoberflächen wird vermieden
- Die Gefahr von Feuchtigkeit durch Kondensat ist vermindert, damit auch die Gefahr von Schimmelpilzen
- Eine ständige Grundlüftung lässt sich mit einer mechanischen Lüftungsanlage koppeln: dadurch wird nicht nur das Schadstoffproblem weitgehend gelöst, sondern die Grundlüftung auch unabhängig von Wind und Temperaturunterschieden.

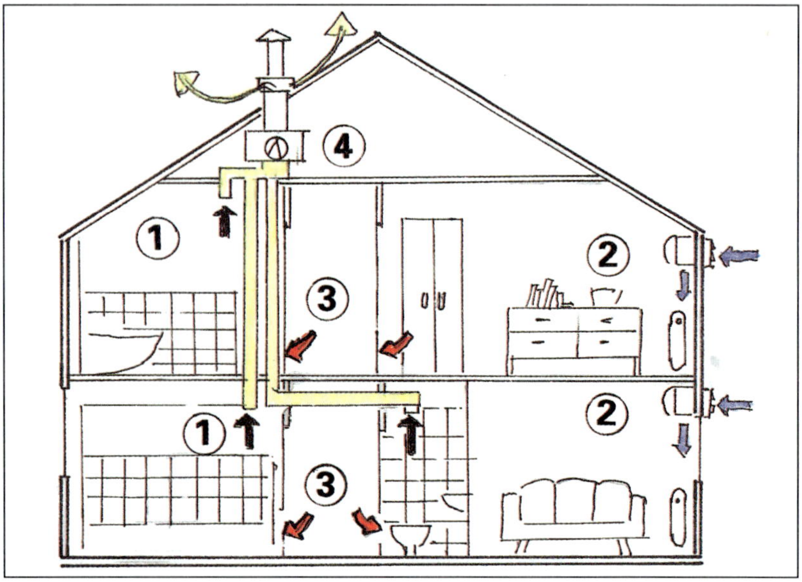


KALKSANDSTEIN-INFORMATION

Systemdarstellung eines Wohnungslüftungs-Systems mit Wärmerückgewinnung, zur kontrollierten Wohnungslüftung mit gereinigter und erwärmter Außenluft. 1 Außenluft, 2 Zuluft, 3 Abluft, 4 Fortluft, 5 Wohnungslüftungs-System, 6 Heizkessel, 7 Speicher-Wassererwärmer, 8 Solar-Element, 9 Sonnenkollektor, 10 Edelstahl-Schornstein.

## Abluftventilatoren auch für Feinlüftung

auch für die Feinlüftung Abluftventilatoren nutzen lassen, die mit einem speziellen geräuscharmen Motor mit geringer Drehzahl betrieben werden. Sie sind auf Sommer- und Winterbetrieb einzustellen und über einen Sensor zu steuern, der auf die Raumluftfeuchtigkeit reagiert.

Wenn Sie den Einbau einer Lüftungsanlage planen: Ein rechtzeitiges Gespräch mit dem Heizungs- und Lüftungsbauer ist in jedem Fall zu empfehlen. Spezialfirmen dafür sind auf den Gelben Seiten des Branchen-Telefonbuchs unter H oder L zu finden.

BM-BAU

So funktioniert eine Lüftungsanlage mit Wärmerückgewinnung und zusätzlicher Wärmepumpe. A Außenluft, B Abluft, C Fortluft, D Zuluft. 1 Wärmeaustauscher, 2 Ventilator, 3 Wärmepumpe.

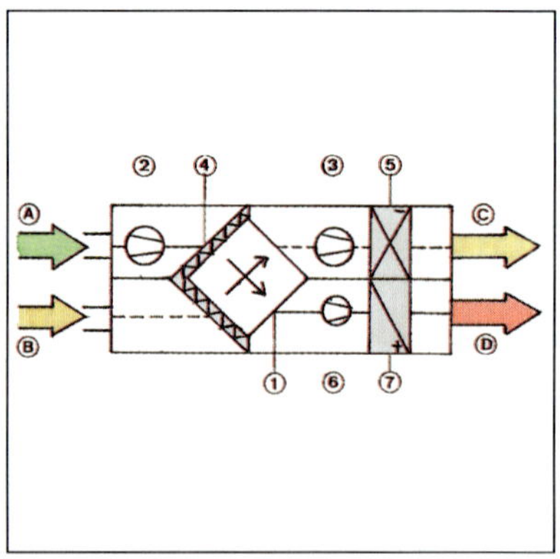


BM-BAU

Schema eines Wärmeaustauschers. Er entzieht der Abluft die Wärme und erwärmt damit die Zuluft. A Außenluft, B Abluft, C Fortluft, D Zuluft. 1 Wärmeaustauscher, 2 Ventilator, 3 Ventilator, 4 Filter, 5 Verdampfer, 6 Verdichter, 7 Verflüssiger.

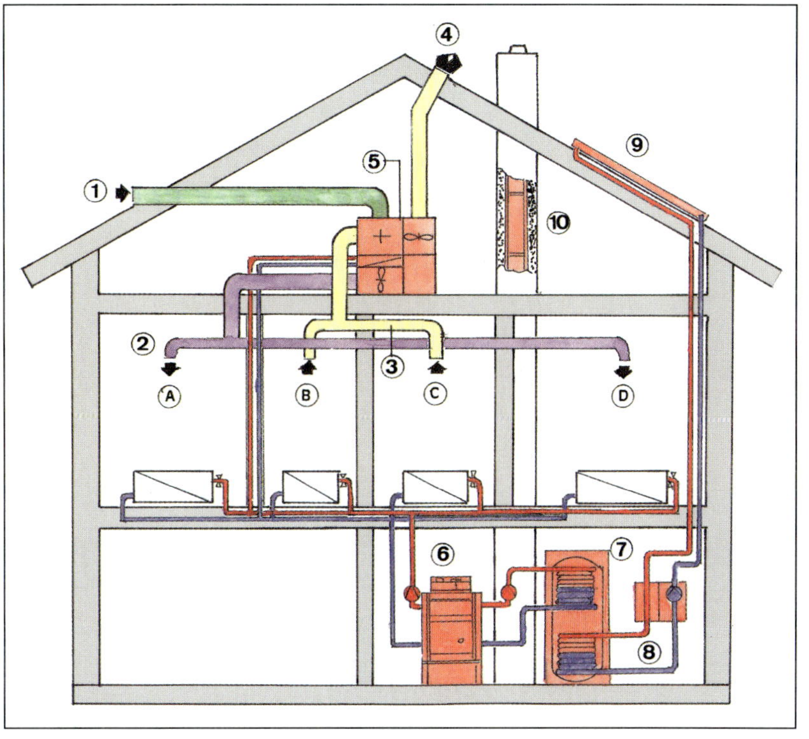


VIESSMANN

Prinzip einer mechanisch betriebenen Lüftungsanlage: 1 Abluftventil in feuchtebelasteten Räumen, 2 Zuluftventil, 3 Überströmöffnungen, 4 Ventilator. A Schlafzimmer, B Bad/WC, C Küche, D Wohnzimmer.

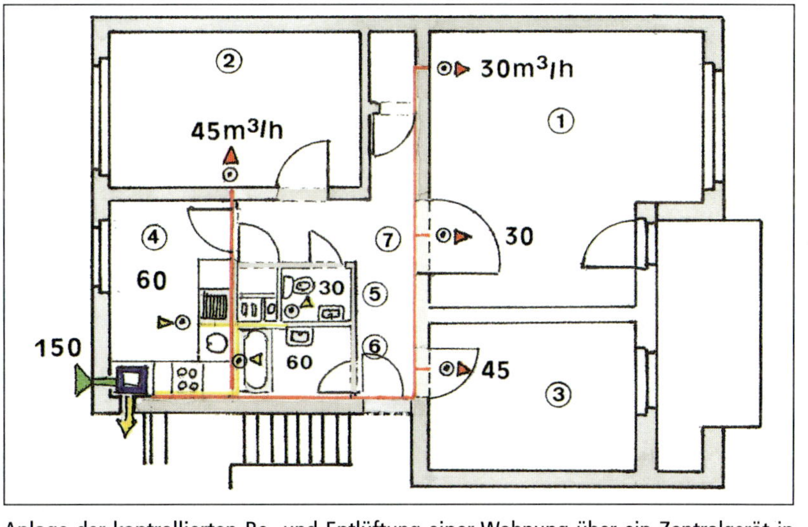


NACH STIEBEL ELTRON

Anlage der kontrollierten Be- und Entlüftung einer Wohnung über ein Zentralgerät in der Küche, dargestellt am Grundriss: 1 Wohnen, 2 Eltern, 3 Kind, 4 Küche, 5 WC, 6 Bad, 7 Flur. Die Zahlen bei den Zuluftverteilern geben die zugeführte Frischluftmenge in Kubikmeter pro Stunde an, die Zahlen bei den Absaugventilen in Bad, WC und Küche die Menge der abgeführten Abluft.

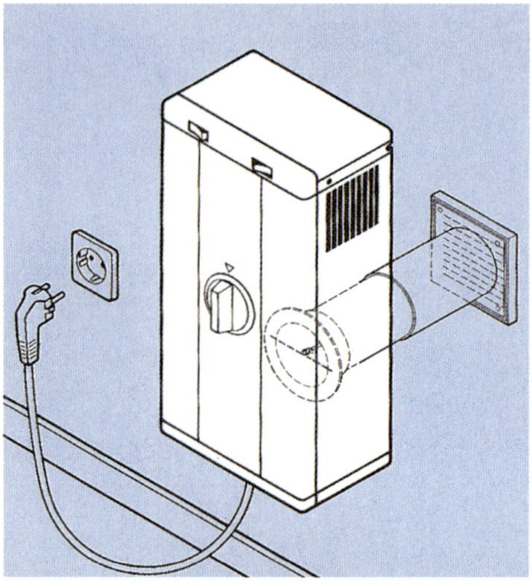


Dieser Wandlüfter für die dezentrale Raumlüftung wird als komplettes Element anschlussfertig geliefert. Ein Teleskoprohr führt die Zu- und Abluft durch die Mauer. Die Lüfterleistung ist in drei Stufen einstellbar. Das Gerät ist schallgedämmt.

**Filter gegen Staub, Pilzsporen, Pollen**

Als reine Entlüftungsanlagen führen sie nur die Abluft ab, während die Zuluft über Gebäude-Undichtigkeiten oder, besser, über Nachströmöffnungen ins Hausinnere geleitet wird. Auch für schallschützende Lüftungssysteme hat sich Zuluftführung über Flügel und Blendrahmen in der Praxis bewährt. Doch gibt es auch kombinierte Systeme, bei denen Abluft und Zuluft maschinell gefördert werden. Diese Anlagen, die eine dichte Gebäudehülle voraussetzen, bieten nicht nur eine regelbare Grundlüftung, die Zuluft wird auch über Wärmcaustauscher, die der Abluft Wärme entziehen, dem Raum erwärmt wieder zugeführt. Bei tiefen Außentemperaturen kann auch eine Nacherwärmung der über Wärmeaustauscher vorgewärmten Zuluft zusätzllich nötig werden: entweder über Heizwassernacherhitzer oder über ein elektrisches Heizregister. Die Zuluft kann auch noch gefiltert werden, so dass Staub, Pilzsporen und Pollen, die Allergien auslösen könnten, nicht in den Raum dringen.

# Wo steht was?

# Bucherfolge von Horst Fischer-Uhlig

**Das Buch vom gesunden Bauen und Wohnen**
*Schritte zum größeren Wohnbehagen. Baustoffe, Bauweisen, Bauideen*
152 S., Großformat, 470 farb. Abb. Fester Einband.
ISBN 3-89367-041-6

**Das neue Buch vom Dachausbau**
*Dachräume zum Wohlfühlen: Ideen, Details, Beispiele*
128 S., Großformat, 300 farb. Abb. Fester Einband.
ISBN 3-89367-609-0

**Das neue Buch vom Innenausbau**
*Wohnräume zum Wohlfühlen: Ideen, Details, Beispiele*
128 S., Großformat, 386 farb. Abb. Fester Einband.
ISBN 3-89367-615-5

# Weitere bewährte Bücher für gesundes Bauen

**Bauen und Wohnen mit Holz**
*Planung und Holzverarbeitung bei Neubau, Ausbau und Renovierung*
144 S., Großformat, 678 farb. Abb. Fester Einband.
ISBN 3-89367-073-4

**Das Buch der Kamine und Kachelöfen**
*Energiesparende Ausführungen: traditionell und modern*
128 S., Großformat, 261 farb. Abb. Fester Einband.
ISBN 3-89367-608-2

**Das Buch vom ökologischen Hausbau**
*Energiesparend planen - preiswert bauen. Materialien, Tips, Beispiele*
128 S., Großformat, 320 farb. Abb. Fester Einband.
ISBN 3-89367-614-7

# Eberhard Blottner Verlag • Taunusstein

# Aus der neuen Reihe „Bau-Rat:“

**Bauen mit dem Architekten**
*Worauf Bauherren achten sollten*
112 S., 50 Abb., Checklisten.
Format 17 x 24 cm.
Kartoniert
ISBN 3-89367-086-6

**Das Gebrauchthaus**
*Was Hauskäufer beachten sollten*
112 S., 43 Abb., Checklisten.
Format 17 x 24 cm.
Kartoniert
ISBN 3-89367-087-4

**Bauen mit dem Bauträger**
*Was Erwerber wissen sollten*
128 S., 36 Abb., Checklisten.
Format 17 x 24 cm.
Kartoniert
ISBN 3-89367-088-2

**Bauen mit dem Fertighausanbieter**
*in Holz- und Massivbauweise*
128 S., 77 Abb., Checklisten.
Format 17 x 24 cm.
Kartoniert
ISBN 3-89367-089-0

# Ratgeber für das behagliche Wohnen

**Ein Haus zum Wohlfühlen**
*Ausbaubeispiele für Wellness und Wohnkomfort*
120 S., Großformat, 560 farb. Abb. Fester Einband.
ISBN 3-89367-617-1

**Das Buch der Wintergärten und Glasanbauten**
*Planen, Bauen, Wohnen: Ideen u. Beispiele m. Glas*
128 S., Großformat, 187 farb. Abb. Fester Einband.
ISBN 3-89367-611-2

**Fassaden begrünen**
*Ratgeber für Gestaltung, Ausführung und Pflanzenwahl*
112 S., Großformat, 196 farb. Abb. Fester Einband.
ISBN 3-89367-080-7

# Eberhard Blottner Verlag • Taunusstein